好奇心书系
·野外识别手册·

常见海贝
野外识别手册

陈志云　著

重庆大学出版社

图书在版编目（CIP）数据

常见海贝野外识别手册/陈志云著. —— 重庆：重庆大学出版社，2022.4（2024.8重印）
（好奇心书系·野外识别手册）
ISBN 978-7-5689-3143-4

Ⅰ.①常… Ⅱ.①陈… Ⅲ.①贝类—识别—中国—手册 Ⅳ.①Q959.215-62

中国版本图书馆CIP数据核字（2022）第025645号

常见海贝野外识别手册

陈志云 著

策划：鹿角文化工作室

责任编辑：梁 涛 版式设计：周 娟 贺 莹
责任校对：夏 宇 责任印制：赵 晟

*

重庆大学出版社出版发行
出版人：陈晓阳
社址：重庆市沙坪坝区大学城西路21号
邮编：401331
电话：(023) 88617190 88617185
传真：(023) 88617186 88617166
网址：http://www.cqup.com.cn
邮箱：fxk@cqup.com.cn（营销中心）
全国新华书店经销
重庆长虹印务有限公司印刷

*

开本：787mm×1092mm 1/32 印张：11.75 字数：317千字
2022年4月第1版 2024年8月第2次印刷
印数：5 001—8 000
ISBN 978-7-5689-3143-4 定价：68.00元

推荐序一

在人类对大自然的无尽探索中，海洋生物无疑是一个充满神秘与魅力的领域。其中种类繁多的海洋贝类是海洋生态系统中重要的组成部分，它们不仅造型奇特、千姿百态、色彩斑斓，而且具有很高的食用、药用和观赏价值，更承载着海洋生态的丰富信息和海洋生命的奥秘。而在这众多海贝中，如何准确识别它们，了解其背后的故事，则是一项既有趣又富有挑战性的任务。

陈志云博士根据中国科学院南海海洋研究所标本馆多年来采集和收藏的大量贝类标本资料，完成了《常见海贝野外识别手册》。本手册收录了我国海域常见的海洋贝类 591 种，以简洁明晰的语言和丰富多彩的原色图片，向读者们展示了海洋贝类的贝壳构造、分类特征以及地理分布和生态习性等相关内容。不论是读者在海滩悠然漫步，还是进行海洋野外考察，都能通过本手册增进对海洋贝类的认识和了解。

无论是对于初学者，还是已具有一定分类学基础的读者而言，《常见海贝野外识别手册》都是一本极具参考价值的原色图谱，它为我们打开了一扇了解海洋生物多样性的窗口，让我们更加深入地领略到海贝世界的神奇与魅力。《常见海贝野外识别手册》的出版，可为广大贝类爱好者和相关从业人员提供海洋贝类鉴定参考资料，让更多的人了解海贝、喜爱海贝，从而更好的保护和利用海贝。

中国科学院海洋研究所
中国科学院中国动物志编委
张素萍研究员
2024 年 6 月 24 日

推荐序二

　　海洋是生命之源，是人类赖以生存的必要条件。我国既是幅员辽阔的陆地大国，又是海洋大国。我国拥有960万平方千米的陆地国土，还拥有可管辖的海域300多万平方千米，各类海洋生物资源极为丰富，其中已有明确记载的海洋贝类超过3900种，它们分布广，从热带、亚热带至温带海域，从潮间带到潮下带浅海、直至数百米和数千米以上水深的海域都可见其踪迹，它们繁衍进化、生生不息。生命演化中造就了海洋贝类奇特的生物学特征，它们大小不均、形态各异；它们不仅成为了多姿多彩生物圈的组成部分，也在生物多样性保护中扮演着重要角色。同时，贝类还是我国重要的水产养殖和捕捞对象，如蚶、牡蛎、扇贝、鲍、乌贼等，富含丰富的蛋白质和微量元素等，为人们所喜爱。

　　当前，系统介绍中国贝类区系分布和形态特征的著作不可谓缺乏，针对海洋贝类图志的图书也都详尽介绍了我国或者区域内贝类物种的分布和形态特征，但结合海产贝类种类鉴别、地理分布知识的原色谱图较少。陈志云博士出生在内陆，凭借着内心中对海洋生物的那股激情与热爱，毅然选择了从事海洋贝类区系分类的研究工作，是我40余载从事贝类学教学和科研中遇到的少有的以情怀做贝类区系分布研究的爱好者。心笃则志坚，志坚促力行，陈志云博士凭着内心的坚持，收集、拍摄、整理并编著完成了《常见海贝野外识别手册》，该书收录了作者采集到和标本馆珍藏的591种贝类标本，是集学术性、科普性与观赏性于一体的图书，内容详实，图文并茂，对普及贝类多样性知识和提高民众对贝类动物的保护意识具有重要作用，也具有鉴藏价值。

　　是为序。

中国动物学会贝类学分会原常务理事

宁波市海洋与水产学会理事长

尤仲杰研究员

2022年4月15日

Foreword 前言

　　走在海边晶莹的沙滩上，有多少人会随手拾起一枚海螺放在耳边，屏气凝神，静静地听着来自大海的声音？被海水冲刷点缀在沙滩上五光十色的贝壳就像大海的信使，为人们诉说着沧海桑田。3 000多年前的商代，古人用货贝和环纹货贝来作为流通使用的"贝币"，用作等价交换，故简称为"宝贝"，现如今我们对孩童叫出的"宝贝"之名，滥觞于此。同时，贝类也向人们昭示着慷慨的大海对人类的馈赠有多么的光彩夺目。唐朝诗人李白的《襄阳歌》写道"鸬鹚杓，鹦鹉杯。百年三万六千日，一日须倾三百杯"，可见由鹦鹉螺制作而成的酒杯颇得当时文人墨客们的喜爱，其壳内的藏酒之妙足以为饮酒人助兴添趣。不仅如此，生活在浅海的珍珠贝，孕育着神话传说中的"鲛人之泪"——珍珠；栖息在热带珊瑚礁中的砗磲，在佛教经典《称赞净土经》《般若经》中作为佛教七宝之一，让人们的精神信仰有了具象化的依托。海洋贝类在地球上生存了数亿年；与此同时，地球上的生物也在不断地进化，一直到人类的出现，好奇心促使我们使用贝类、欣赏贝类、研究贝类、养殖和繁殖贝类。

　　希望更多人懂得贝类是大海给予我们的丰厚宝藏，为此，我们编写了《常见海贝野外识别手册》。手册收录了我国海域分布的海洋贝类591种，向读者介绍了贝壳形态、种类鉴别、生态习性、地理分布等相关生物学知识，并展示了每种海洋贝类的原色图片，便于贝类爱好者查阅；手册采用了目前国际上比较公认和流行的分类系统，并对一些属、种的分类地位进行了调整，但是因部分中文名已被大家广泛接受，所以未做修订。

　　本书的顺利完成感谢我的导师张素萍研究员、张国范研究员和尤仲杰研究员在软体动物分类、标本采集和管理工作中多年的指导和教诲，他们严以治学的态度和循循善诱的教诲给予我无尽的启迪，学生在此深表敬意和感谢！成稿过程中幸得何径先生、潘昀浩先生、刘文亮博士、王洋先生、尉鹏先生、邵志恒先生、刘劭伶高级工程师、李海涛高级工程师、张跃环博士、于宗赫博士、黄洪辉研究员、张巍巍先生、张帆先生、史令博士、张莹斌先生、孟飞同学和丁翔博士等的鼎力相助，在此向他们致以真挚的感谢。手册所涉及的部分野外考察和标本馆分类学研究得到了中国科学院战略生物资源服务网络计划生物标本馆经典分类学青年人才项目 (ZSBR-010)、国家自然科学基金项目 (41406185)、国家科技基础条件平台工作重点项目 (2005DKA21402)、国家动物标本资源库、中国科学院生物分类学科学家岗位 (CAS-TAX-24-043)、广东省自然科学基金项目 (2021A1515011521)、广州市科学计划项目（202201010076）、上海市自然科学基金项目 (20ZR1416900) 的资助。

　　由于编者水平有限，书中不当之处在所难免，在此恳请读者予以批评指正。

陈志云

2024 年 7 月于广州海珠

目 录 CONTENTS

SEASHELLS

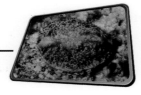

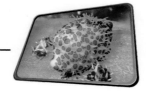

入门知识
Introduction

·什么是海洋贝类·

软体动物门是动物界中仅次于节肢动物门的第二大类群，已定名的软体动物现生种超过 10 万种，其中约有一半生活在海洋中。因为软体动物大多数都具有一个石灰质的贝壳，所以又被称为"贝类"。海洋贝类，顾名思义，就是生活在海洋中的贝类。

·海洋贝类的主要特征和分类·

海洋贝类种类繁多，如常见的石鳖、牡蛎、扇贝、鲍、鹦鹉螺、乌贼、章鱼等。从外表上看，它们形态差异很大，且生活方式大不相同，但基本的结构是相同的，它们的身体柔软，通常由头部、足部、内脏囊、外套膜和贝壳 5 个部分构成。根据贝壳、运动器官等身体构造的不同，一般将贝类分为 7 个纲：无板纲 Aplacophora、单板纲 Monoplacophora、多板纲 Polyplacophora、腹足纲 Gastropoda、双壳纲 Bivalvia、掘足纲 Scaphopoda 和头足纲 Cephalopoda。其中，无板纲是软体动物中原始的类群，体呈蠕虫状，无贝壳，在我国沿海发现的种类很少；单板纲在我国尚未见报道；其余 5 个纲在我国海域均有分布，且种类丰富。

多板纲 Polyplacophora

多板纲动物身体通常背腹侧扁，背部生有 8 块呈覆瓦状排列的石灰质壳片，故称"多板类"。体呈椭圆形，左右对称，背部稍隆起，腹部扁平；贝壳不能覆盖整个身体，在背部周缘一圈裸露的外套膜称为环带，其上生有小鳞片、短棘等。最前面的壳片称为头板，中间 6 块结构基本一致，称为中间板，最后一块称为尾板。各板间可前后相对移动，因此当离开岩石后动物身体可卷曲。足宽扁，吸附力强，腹面足部与外套膜之间有 1 条狭沟称为外套沟。鳃位于外套沟内，鳃的数目多少及鳃列长度因种类而异。

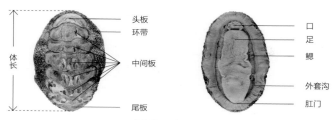

头板
环带
中间板
尾板
体长

口
足
鳃
外套沟
肛门

● 多板纲形态示意图

腹足纲 Gastropoda

腹足纲是软体动物门中最大的类群，因足位于腹部而得名。通常具有 1 个螺旋形的贝壳，因此亦称"单壳类"或"螺类"。腹足纲动物根据其身体构造的不同，又分为前鳃亚纲、后鳃亚纲和有肺亚纲。本鳃位于心室前方的称为前鳃亚纲，贝壳较发达，形状千姿百态，表面雕刻形态丰富，有的具色斑或色带，有的外被壳皮或壳毛。足后端常分泌 1 个角质或石灰质的厣，又称"口盖"。厣是一种保护器官，当动物缩入壳内时，可用厣盖住壳口；但有的种类厣较小，不能盖住壳口，如凤螺科和芋螺科等；也有的种类在成体时无厣，如鲍科、宝贝科和涡螺科等。后鳃亚纲因其本鳃位于心室后方而得名，它们的贝壳一般不发达，有的种类壳退化，动物体不能完全缩入壳内，如泥螺；有的具有内壳，如海兔科；有的成体时贝壳消失，如裸鳃目多彩海牛科、叶海牛科、蓑海牛科等。有肺亚纲又称肺螺类，它们的鳃消失，以外套膜特化成的肺囊进行呼吸，如耳螺、菊花螺、石蜻等。

● 角质厣

● 石灰质厣

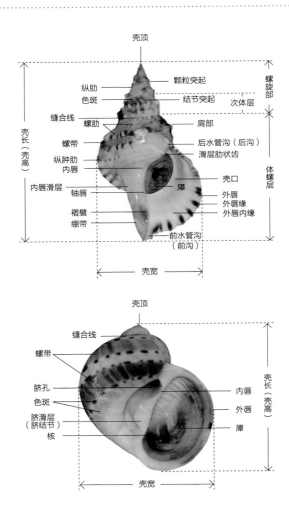

壳顶

颗粒突起
纵肋
色斑
结节突起
次体层

缝合线
螺肋
肩部

螺带
后水管沟（后沟）
滑层肋状齿

纵肿肋
内唇
厣
壳口

内唇滑层
轴唇
外唇
外唇缘
外唇内缘

褶襞
绷带

前水管沟
（前沟）

螺旋部

体螺层

壳长（壳高）

壳宽

壳顶

缝合线

螺带

脐孔

色斑

脐滑层
（脐结节）

核

内唇

外唇

厣

壳长（壳高）

壳宽

● 腹足纲贝壳形态示意图

双壳纲 Bivalvia

双壳纲的种数仅次于腹足纲。该类动物身体侧扁，两侧对称，外面有2枚抱合内脏团的贝壳。壳顶通常位于背缘前部或中央。当壳顶朝上，小月面向前，楯面或外韧带向后，在左边的为左壳，反之为右壳。贝壳一般左右对称，也有的种类不对称，如牡蛎、猿头蛤和篮蛤等。贝壳的形状、大小和表面雕刻及花纹色彩因种类而异。富有弹性的角质韧带在背部将两枚贝壳联合在一起，韧带有外韧带和内韧带之分。左右壳内相互吻合的铰合齿和齿槽构成铰合部，铰合齿的数目和排列方式是重要的分类依据之一。嵌合体是指出现于牡蛎右壳内面周缘的粒状、条状、蠕虫状突起和左壳上接纳右壳上各种突起的凹槽的总称。前、后闭壳肌痕以及外套窦的形状和明显程度也是分类的依据之一。

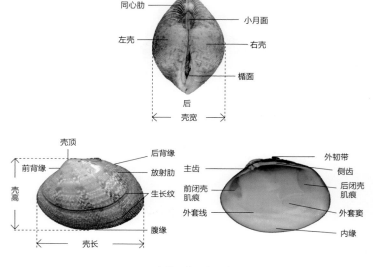

● 双壳纲贝壳形态示意图

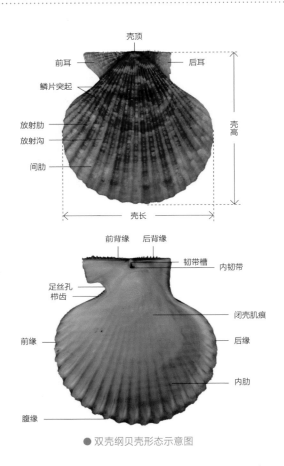

● 双壳纲贝壳形态示意图

掘足纲 Scaphopoda

掘足纲统称角贝，贝壳呈管状，稍弓曲，形似象牙或牛角，又名"象牙贝"。贝壳通常前端壳口较粗，向后端肛门孔逐渐变细，壳顶部常具有缺刻或裂缝；动物的头和足部可以从壳口伸出。贝壳的凹面为背部，凸出面为腹部；壳面光滑或具纵肋和环纹，有的贝壳横截面呈圆形，而壳面具棱角者，横截面呈多边形。掘足纲动物全部生活在海洋中。

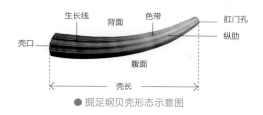

生长线　背面　色带　肛门孔

壳口　　　　　　　纵肋

腹面

壳长

● 掘足纲贝壳形态示意图

头足纲 Cephalopoda

头足纲动物全部生活在海洋中。身体左右对称，分为头部、足部和胴部 3 部分。足部特化成腕和漏斗，腕的数目为 8 只、10 只或多达数 10 只，环生于头部前方，故名"头足类"。原始的种类如鹦鹉螺，具有数 10 只腕和 1 个螺旋形外壳，壳内被隔壁分成许多壳室（气室），各壳室由串管连接；十腕类一般均具内壳，如枪乌贼、乌贼等；八腕类的内壳大都退化，如蛸类（章鱼），仅有少数种类具"外壳"，雌性船蛸的次生性外壳，实为雌性的"孵卵袋"，并非真正的贝壳。

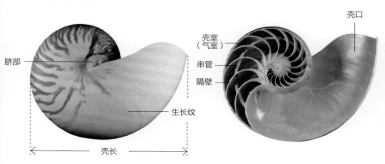

壳口

壳室
（气室）

脐部　　　　　　　　　　　　　　　　串管

隔壁

生长纹

壳长

● 头足纲鹦鹉螺科外壳形态示意图

· 海洋环境的分区 ·

潮间带位于最高和最低潮之间沿着海岸线分布的地带，是海洋与陆地之间的过渡带。根据海洋生物生活在其上或其内的底部基质的不同，潮间带又有岩石硬底和泥或沙等构成的软底之分；根据海水周期性涨落，又分为高潮区、中潮区和低潮区。在潮间带栖息的海洋贝类种类较多，潮间带也是我们无须离开所处的自然环境而能够直接经历海洋世界和观察海洋贝类的地带。

潮下带浅海是指大陆架在低潮时从不暴露的部分构成的海洋环境，通常是从潮间带低潮线至水深约 200 m 这一范围。从生物学角度来说，大陆架是海洋最富饶的部分，这一地带生活的软体动物种类最多。

大洋区底层部分水深从 200 m 左右急剧下降至 2 000~3 000 m 的这一范围被称为半深海底；深海海底所处深度在 2 000（3 000）~6 000 m，一些深海种类栖息于此。深渊海底的深度在 6 000~10 000 m 以上的沟底，这一地带虽然黑暗、寒冷，但仍有海洋贝类和其他底栖生物栖息生存。

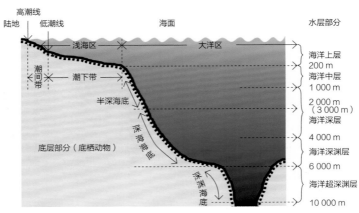

● 海洋环境区带示意图（仿冯士筰等，1999）

● 岩石潮间带

● 石滩潮间带

● 滩涂潮间带

● 红树林泥沙滩潮间带

● 海草床潮间带

● 马尾藻海藻床　　　● 珊瑚礁浅海

·如何对海洋贝类进行观察·

中国的海洋贝类种类多，目前已发现超过4 000种；它们分布广，从热带、亚热带至温带海域均有分布；从潮间带至潮下带浅海，以至上千米的海底均可见其踪迹。海洋贝类因为栖息环境的不同，使其生活习性千差万别。

自由生活： 在岩礁的表面或泥、沙滩以及海藻、海草叶片上面自由生活的种类，大多数是腹足类和多板类，可进行短距离的爬行或移动。

腹足类可栖息于各种生境中，通常为了觅食和产卵，经常做短距离的旅行或稍作移动，如常见的马蹄螺、蝾螺、平轴螺、滨螺、宝贝、荔枝螺等，退潮后常隐藏在岩石、珊瑚礁缝隙或石块下面。有些种类如拟蟹守螺、滩栖螺、玉螺、织纹螺、榧螺、笋螺等在滩面或沙质海底爬行，也能把自己浅浅地埋在表层泥沙中，或仅仅露出壳顶的一部分，从而更好地掩护和捕食。贝壳退化或消失的腹足类，通过拟态、保护色或化学防御和警戒色等方式进行防卫，如海兔、多彩海牛、叶海牛、石鳖等。

多板类动物行动缓慢，白天不喜活动，常以宽大的足部和环带像吸盘一样紧紧吸附在岩石缝中、牡蛎死壳内、珊瑚礁或藻类上面，也有一些种类喜欢附着在岩石的阴面。

● 退潮后隐蔽在岩石缝隙的塔结节滨螺和小结节滨螺

● 隐蔽在珊瑚礁缝隙的虎斑宝贝　　● 阿文绶贝伸展的外套膜

● 泥沙滩上爬行的玉螺　　● 滩面上集居的拟蟹守螺

● 海草叶片上的蟹守螺　　● 在红树上爬行的黑口滨螺

● 柳珊瑚上的梭螺

● 珊瑚礁海绵上爬行的多彩海牛

● 叶海牛的警戒色

● 石磺的保护色

● 岩石上的石鳖

固着生活：营固着生活的种类由贝壳直接固着在岩石以及其他基质上生活，终生不能移动。如腹足类的覆瓦小蛇螺，全壳大部分固着在岩石上生活；双壳类的牡蛎以左壳固着；海菊蛤和襞蛤以右壳固着；猿头蛤的种类，有的以左壳固着，有的以右壳固着。固着生活的种类，足部失去了原有的作用而退化甚至消失；其贝壳坚厚粗糙，或者壳面具棘刺，从而起到保护作用。

● 固着在岩石上的覆瓦小蛇螺

● 固着在岩石上的牡蛎

● 张开壳口的海菊蛤

附着生活：一些双壳类种类依靠足丝附着在岩礁、贝壳等外物上生活，如青蚶常附着在岩石缝隙；条纹隔贻贝大量成堆生长；钳蛤、扇贝以一侧附着生活，体型扁平可以抵抗水流的冲击；难解不等蛤附着于红树树干或叶片上；珍珠贝多附着在珊瑚礁或柳珊瑚上。利用足丝附着的种类，其位置不是固定不变的，它们可以把旧足丝放弃，稍作移动，再分泌新足丝附着于新的环境。

● 附着在岩石缝隙的青蚶

● 岩石上群聚的条纹隔贻贝

● 附着在岩礁上的扁平钳蛤　● 附着在红树叶片上的难解不等蛤

● 附着在柳珊瑚上的珍珠贝

埋栖生活： 在泥沙内营埋栖生活的种类，绝大多数是双壳类，如樱蛤、斧蛤等，它们用斧状的足挖掘泥沙而穴居。江珧虽然具有足丝，但其足丝的附着作用较小，主要还是在泥沙中营埋栖生活。潜居泥沙生活的贝类，主要用足挖掘泥沙，因此埋栖越深的种类，足部越发达。深栖的种类，体型变得长而扁，其贝壳较薄且光滑，水管较长，如竹蛏、海螂等；潜栖在浅层的种类，一般都有较厚而粗糙的贝壳，用以防御敌害的侵袭，且水管很短或者没有，如泥蚶、鸟蛤、文蛤等。一些生活在泥质海底的种类，通常两壳不能完全闭合，后端或前后两端常开口，它们能将水中带入体内的泥沙结成团而排出体外，抗浊能力较强，如江珧、缢蛏等。掘足类生活在潮下带浅海至上千米水深的沙或泥沙质海底，足能伸出壳外甚长，可挖掘泥沙并适于移转。

● 用足掘沙的豆斧蛤

● 插入泥沙中穴居的江珧

凿穴生活：凿穴生活的贝类可分为两类：一类穴居于岩石、珊瑚礁或较大的贝壳中，如石蛏，幼体钻穴，随着身体的增长逐渐深入，仅留身体末端的洞穴与外界相通，终生不再外出；如延管螺栖息于活的石珊瑚内。另一类是凿木穴居的种类，如海笋等。

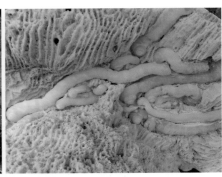

● 穴居于岩石内的光石蛏　　● 穴居在石珊瑚内的延管螺

游泳生活：头足类中具有游泳能力的种类，能抵抗波浪及海流而自由游泳，如乌贼和枪乌贼，身体多呈纺锤形或流线形。章鱼身体胴部常呈球形，不太善于游泳，可作短暂游行，主要在海底爬行或划行，也常在沙里潜伏憩息。

● 浮游的海蜗牛（茗荷附着）

浮游生活：腹足类中的一些种类终生营浮游生活，如海蜗牛，它们游泳能力薄弱，随风浪漂浮，不能抵抗海流和波浪；如海蜗牛，贝壳薄而轻，能依靠浮囊使身体漂浮于海面上。

寄生和共生：寄生的腹足类，如光螺，寄生在棘皮动物如海星、海胆的身体上生活；又如小塔螺的一些小型种类，寄生在扇贝的耳旁、牡蛎的壳缘或其他螺类的壳口处，靠吸食寄主体液生活。双壳类砗磲的外套膜内共生了大量虫黄藻而色彩缤纷，砗磲利用虫黄藻通过光合作用提供的营养和能量，作为自身养料的一部分。

● 寄生在海星腕上的光螺

● 寄生在牡蛎壳缘的小塔螺

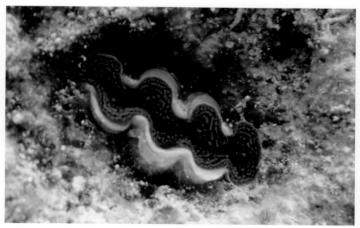

● 鳞砗磲彩色的外套膜

· 贝类的学名 ·

每一种贝类都有一个世界各国统一使用的科学名称，称为学名。学名采用瑞典分类学大师林奈所创立的双名命名法（双名法），由属名和种名并列的方式组成，属名在前，种名在后，最后是命名人和命名年代。生物命名法规定，生物学名必须是拉丁文或其他文字以拉丁化来书写。属名首字母必须大写，属名和种名都要斜体。如果原始属名发生更改，即学名发生了重新组合，定名人和定名年代需要用括号括起来。

例如：

中文名	属名	种名	定名人	定名年代
马蹄螺	*Trochus*	*maculatus*	Linnaeus,	1758
红 螺	*Rapana*	*bezoar*	（Linnaeus,	1767）

有的种在属下又细分出亚属或亚种，例如：

中文名	属名	亚属	种名	亚种名	定名人	定名年代
玉环凤螺	*Strombus*	（*Dolomena*）	*marginatus*	*marginatus*	Linnaeus	1758
多环凤螺	*Strombus*	（*Dolomena*）	*marginatus*	*septimus*	Duclos	1844

在我国，每一种海洋贝类通常对应一个中文名。中文名大多依据学名翻译而来，也可以根据动物的形态特征或分布地点等取名。依据《新拉丁无脊椎动物名称》这一著作，对于过去沿用很久的中文名，尽管词义与学名的词义不尽相符，或种名已发生了重新组合，但考虑到维护汉语名称的普遍性和稳定性，建议尽量不做或少做更改。

种 类 识 别
Species Accounts

多板纲 Polyplacophora Gray, 1821

石鳖科 Chitonidae Rafinesque, 1815

① 日本花棘石鳖 *Acanthopleura japonica* (Lischke, 1873)

身体长椭圆形，体长 25~55 mm；壳板呈褐色；头板表面具密集的同心环小颗粒状突起，中间板表面具同心环纹，尾板小，中央区大；环带肥厚，表面相间着生带状排列的白色和黑色棘；鳃数目较多，沿整个足长分布。

分布于浙江以南沿海；栖息于风浪较大的潮间带中、低潮区的岩礁上。

毛肤石鳖科 Acanthochitonidae Pilsbry, 1893

② 红条毛肤石鳖 *Acanthochitona rubrolineata* (Lischke, 1873)

身体卵圆形，体长约 25 mm；壳板上具 3 条红色暗纹，并具粒状突起和纵肋；头板呈半圆形，尾板小；环带宽，多呈深绿色，表面生有密集的棘刺和 18 丛针束；鳃列长度约为足长的 2/3。

分布于黄渤海至广东沿岸；栖息于潮间带中、低潮区岩石海岸。

③ 异毛肤石鳖 *Acanthochitona dissimilis* Is. & Iw. Taki, 1931

身体长椭圆形，体长约 26 mm；壳板黄白色，常杂有灰黑色斑纹及条纹，颗粒状突起显著；头板呈半圆形，尾板小；环带宽，色淡，表面生有密集的棘刺和 18 丛针束；鳃列长度约为足长的 1/2。

分布于黄海；栖息于潮间带中、低潮区岩礁或石块上。

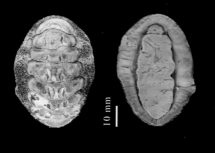
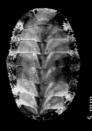
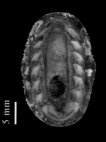

10 mm

5 mm

1

5 mm

2

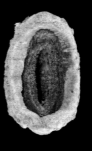

5 mm

3

锉石鳖科 Ischnochitonidae Dall, 1889

① 朝鲜鳞带石鳖 *Lepidozona coreanica* (Reeve, 1847)

身体椭圆形, 体长约32 mm; 表面灰黑色, 壳片较高; 头板具由小颗粒串成的放射肋, 中间板具细小颗粒突起的纵肋, 翼部具明显的粒状放射肋, 尾板中央区具细纵肋, 后区具放射肋; 环带较窄, 布满小的鳞片; 鳃列长度与足长近等。

分布于中国南北沿海; 栖息于潮间带至潮下带浅水区。

② 函馆锉石鳖 *Ischnochiton hakodadensis* Carpenter, 1893

身体卵圆形, 体长约30 mm; 表面一般土黄色或暗绿色, 杂有深色斑点; 头板具很多细的放射肋, 中间板中央部具网状刻纹, 翼部具放射肋, 尾板具与中间板中央部相似的刻纹, 后区具放射肋; 环带窄, 表面布满小鳞片; 鳃列长度与足长近等。

分布于渤海和黄海; 栖息于潮间带中、低潮区岩石间。

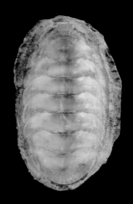

10 mm

①

10 mm

②

腹足纲 Gastropoda Cuvier, 1795

翁戎螺科 Pleurotomariidae Swainson, 1840

1 红翁戎螺 *Mikadotrochus hirasei* (Pilsbry, 1903)

贝壳低圆锥形，壳长约 80 mm；体螺层宽大，基部较平；壳面淡黄色，饰有橘红色火焰状花纹；壳表密布小颗粒组成的细螺肋；各螺层中部具 1 条稍凹陷的环带，环带在外唇中部形成 1 个裂缝；脐孔大；厣角质，圆形。

分布于东海；栖息于水深 150~300 m 的沙质或石砾质海底。

2 寺町翁戎螺 *Bayerotrochus teramachii* (Kuroda, 1955)

贝壳近似于红翁戎螺，但本种壳质较薄，缝合线稍深；壳面橘黄色，雕刻精细，布纹状；脐孔大；厣角质，圆形。

分布于东海；栖息于水深 300~400 m 的沙质或砂砾质海底。

鲍科 Haliotidae Rafinesque, 1815

3 皱纹盘鲍 *Haliotis discus hannai* Ino, 1953

贝壳扁卵圆形，壳长可达 100 mm 以上；壳面多呈青褐色或深绿色；表面粗糙，具不规则皱褶；自壳顶起具 1 列突起，其中近壳口端具 3~6 个开孔；壳口广大，内面珍珠层具彩虹光泽。

分布于辽宁、山东和江苏沿海；栖息于低潮线附近至浅海水深约 10 m 的岩石间。

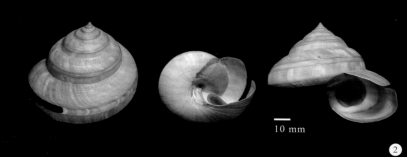

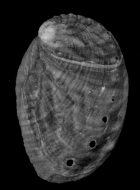

① **杂色鲍** *Haliotis diversicolor* Reeve, 1846

贝壳近似于皱纹盘鲍,但个体相对较小,壳长 65~90 mm;壳面绿褐色或暗红色,具杂色斑;壳面具许多不规则的螺旋肋和细密的生长纹,6~9 个开孔;壳口内具珍珠光泽。

分布于台湾和福建以南沿海;栖息于低潮区至浅海海藻繁茂的岩石或珊瑚礁质海底。

② **耳鲍** *Haliotis asinina* Linnaeus, 1758

贝壳瘦长,近耳形,壳质较薄,壳长约 70 mm;壳面平滑,多呈翠绿色或黄褐色,布紫褐色和土黄色斑纹,通常具 4~7 个开孔;壳内具较强的珍珠光泽。

分布于台湾、海南、西沙群岛和南沙群岛;栖息于低潮线以下的岩礁间。

③ **羊鲍** *Haliotis ovina* Gmelin, 1791

贝壳较宽短,近扁圆形,壳长约 90 mm;壳面灰绿色或红褐色,具橙色和白色斑;表面粗糙不平,具较大的瘤状褶;通常具 4~7 个开孔;壳口内银白色,具珍珠光泽。

分布于中国台湾和南海;栖息于岩石或珊瑚礁质海底。

钥孔科 Fissurellidae Fleming, 1822

④ **中华楯蝛** *Scutus sinensis* (Blainville, 1825)

贝壳扁平,长椭圆形,壳口长约 38 mm,宽约 19 mm;壳顶钝,微向后方,前缘中央具 1 个凹陷;壳面灰白色,具波状起伏的环脉;壳内白色。

分布于台湾、福建、广东和海南;栖息于潮间带的岩礁间,生活时外套膜包被贝壳,仅露出壳顶部。

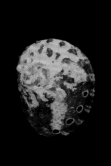

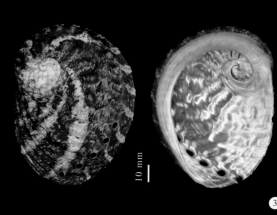

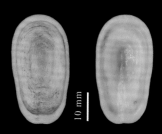

① 鼠眼孔蝛 *Diodora mus* (Reeve, 1850)

贝壳近漏斗状，壳高约 5 mm，壳口长椭圆形，长约 15 mm，宽约 11 mm；卵圆形穿孔位于壳顶部；壳面灰白色，有的具褐色放射带；壳表粗细相间的放射肋与同心环纹交织形成格子状雕刻；壳内白色。

分布于东海和南海；栖息于潮间带至浅海水深 10~20 m 的石砾或岩礁质海底。

帽贝科 Patellidae Rafinesque, 1815

② 星状帽贝 *Scutellastra flexuosa* (Quoy & Gaimard, 1834)

贝壳低平，壳高约 7 mm，壳口长约 22 mm，宽约 18 mm；壳面黄褐色，自壳顶向周缘射出多条粗细不等的粗糙放射肋，末端突出壳缘，使周缘不规则；壳内白色，具光泽。

分布于台湾和广东以南沿岸；栖息于潮间带岩礁上。

花帽贝科 Nacellidae Thiele, 1891

③ 龟甲蝛 *Cellana testudinaria* (Linnaeus, 1758)

贝壳体型较大（本科中），壳口长约 75 mm；贝壳笠形，周缘卵圆形，壳顶常被腐蚀；壳面褐色或黑褐色，具不规则的浅色放射状带；生长纹粗糙；壳内银灰色，周缘具 1 圈与壳面同色的镶边。

分布于中国台湾和南海；栖息于潮间带中、低潮区岩礁上。

④ 嫁蝛 *Cellana toreuma* (Reeve, 1854)

贝壳笠形，低平，周缘长卵圆形，壳质较薄，壳口长约 35 mm；壳面具许多明显而细密的放射肋，壳色通常锈黄色或青灰色，杂有不规则的紫色斑带；壳内银灰色。

分布于中国南北沿海；栖息于高潮线附近岩石上。

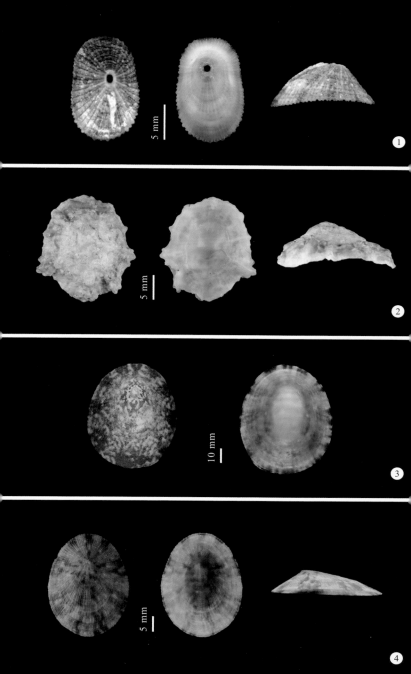

① 斗嫁蝛 *Cellana grata* (Gould, 1859)

贝壳笠形，周缘卵圆形，壳质较厚，壳高约 13 mm，壳口长约 36 mm，宽约 28 mm；壳表具细密的放射肋；壳面土黄或青灰色，自壳顶向周缘放射出数条不规则的褐色螺带；壳内银灰色，周缘具壳面褐色斑点。

分布于台湾和福建以南沿海；栖息于高潮线附近的岩石上。

笠贝科 Lottiidae Gray, 1840

② 史氏背尖贝 *Nipponacmea schrenckii* (Lischke, 1868)

贝壳低平，笠状，壳高约 5 mm，壳口长约 22 mm，宽约 16 mm；壳表密集的放射肋和生长环纹交织成小颗粒；壳色随生活环境而异，多呈黄绿色，具紫色或褐色斑带；壳内蓝灰色。

分布于我国沿岸；栖息于高潮区附近的岩石上。

③ 背小笠贝 *Lottia dorsuosa* (Gould, 1859)

贝壳较小，帽状，壳质稍薄，壳高约 5 mm，壳口长约 10 mm，壳宽 7 mm；壳顶略向前下方倾斜；壳面粗糙，具放射肋和不规则的灰白色或褐色的放射带；壳内黄白色，周缘具 1 圈镶边，肌痕黄褐色。

分布于我国北方沿海；栖息于潮间带岩石上。

④ 北戴河小笠贝 *Lottia peitaihoensis* (Grabau & King, 1928)

贝壳较小，笠状，壳高约 5 mm，壳口长约 9 mm，宽约 7 mm；壳顶略向前方倾斜；壳表具明显的放射肋，与细密的生长纹相交；壳面颜色有变化，具不规则的白色放射带；壳口内周缘镶边具白色和棕色相间的斑块。

分布于黄渤海沿岸；栖息于潮间带岩石或石砾上。

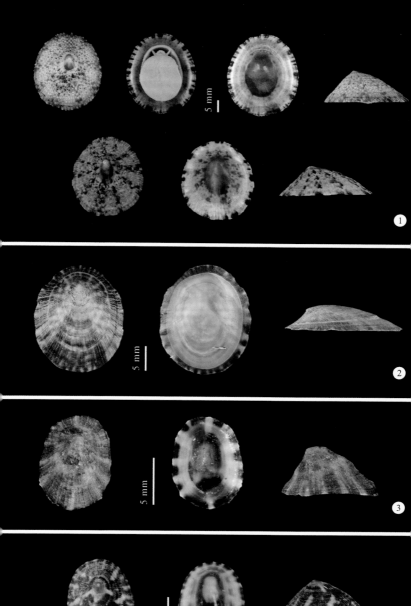

1 鸟爪拟帽贝 *Patelloida saccharina lanx* (Reeve, 1855)

贝壳低平,笠状,壳质结实,壳长约 30 mm,壳高约 11 mm;壳表具 7 条爪状粗壮放射肋,肋间具细肋;壳面黑褐色,壳顶周围和放射肋灰白色;壳内周缘具黑褐色镶边,肌痕褐色。

分布于东海和南海;栖息于高潮线附近的岩石上。

马蹄螺科 Trochidae Rafinesque, 1815

2 马蹄螺 *Trochus maculatus* Linnaeus, 1758

贝壳圆锥形,壳质坚厚,壳长约 45 mm;壳面多呈灰绿色,具紫色斑纹或暗红色斑点;壳表刻有颗粒状突起连成的螺肋;基部平,密布颗粒状同心螺肋和紫褐色波纹;脐孔漏斗状。

分布于台湾和广东以南沿海;栖息于低潮线至浅海岩石或珊瑚礁质海底。

3 大马蹄螺 *Rochia nilotica* (Linnaeus, 1767)

贝壳较大,圆锥形,壳质坚厚,壳长 80~120 mm;壳面灰白色,具紫红色的纵行斑纹,外被 1 层黄褐色的壳皮;基部平,具同心肋和与壳表相近的花纹;壳内珍珠层厚;脐孔漏斗状。

分布于台湾和南海;栖息于水深 3~30 m 的岩石或珊瑚礁海底。

4 塔形扭柱螺 *Tectus pyramis* (Born, 1778)

贝壳圆锥形,壳顶尖,壳长约 65 mm;壳面多呈淡褐色,具绿色的斜行斑纹;基部平,密布细的同心螺纹;壳轴扭曲成耳状,无脐孔。

分布于台湾和广东以南沿海;栖息于潮间带至水深约 10 m 的岩礁和珊瑚礁海底。

1 **单齿螺** *Monodonta labio* (Linnaeus, 1758)

贝壳近卵圆形，壳质厚，壳长约 25 mm；壳面螺肋突出，由黄褐色与暗绿色或褐色相间的砖形排列；基部隆起，轴唇上具 1 个强大的齿；无脐孔。

分布于中国南北沿岸；栖息于潮间带岩礁或砾石间。

2 **银口凹螺** *Chlorostoma argyrostomum* (Gmelin, 1791)

贝壳低圆锥形，壳质厚，壳长约 38 mm；壳面黑灰色，刻有斜行的纵肋；基部平，轴唇具 1 个齿；脐部翠绿色，具珍珠光泽，无脐孔。

分布于浙江以南沿海；栖息于潮间带至潮下带水深约 20 m 的岩礁底。

3 **黑凹螺** *Omphalius nigerrimus* (Gmelin, 1791)

贝壳近似于银口凹螺，但本种脐部白色，脐孔圆而深；壳长约 24 mm；壳面灰黑色或棕黑色，细密的生长纹和放射肋相交。

分布于台湾和福建以南沿海；栖息于潮间带中、低潮区的岩礁间。

4 **锈凹螺** *Omphalius rusticus* (Gmelin, 1791)

贝壳低圆锥形，壳长约 25 mm；壳表密布细螺纹和较粗壮的斜行纵肋；壳面黄褐色，具铁锈色斑纹；壳内具彩虹光泽，轴唇上具 1 个小齿；脐部灰白色，脐孔深。

分布于我国沿海；栖息于潮间带的岩石间。

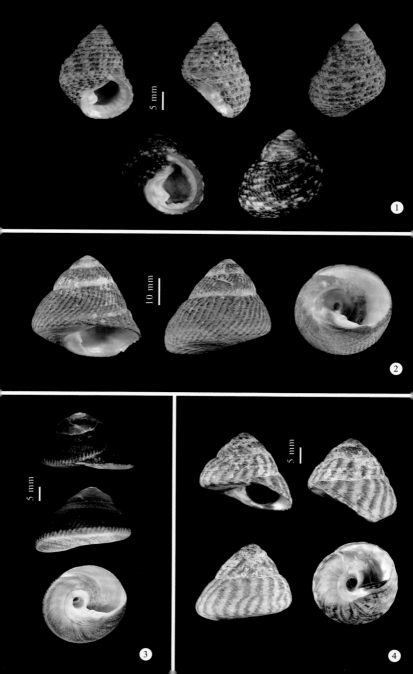

① **镶珠隐螺** *Clanculus margaritarius* (Philippi, 1846)

贝壳圆锥形, 壳质坚厚, 壳长约 13 mm; 壳面褐色, 每螺层上具 4~5 列串珠状螺肋, 在间隔的螺肋上均匀地镶嵌着紫黑色和白色相邻的圆珠; 外唇中部具 1 个钝齿, 轴唇上具乳头状突起; 脐孔深。

分布于南海; 栖息于潮间带至珊瑚礁热带海域。

② **粗糙真蹄螺** *Euchelus scaber* (Linnaeus, 1758)

贝壳小, 壳长约 20 mm; 壳面乳白色, 具紫红色斑点, 每螺层具 3~4 条粗螺肋, 肋间沟内具 3 条由小颗粒组成的细肋; 壳口内具珍珠光泽, 轴唇上具 1 个齿; 脐孔小而深。

分布于福建以南沿海; 栖息于潮间带至浅海。

③ **金口螺** *Chrysostoma paradoxum* (Born, 1780)

贝壳近球形, 壳长约 21 mm; 壳面膨圆, 密布肉眼可见的细丝状生长线; 缝合线下方具 1 个微凹的缢痕; 壳面光洁, 淡黄色, 杂有褐色花纹和紫褐色斑点; 壳口内金黄色或金橘色; 无脐孔。

分布于南海; 栖息于潮间带至浅海珊瑚礁。

④ **崎岖枝螺** *Tosatrochus attenuatus* (Jonas, 1844)

贝壳圆锥形, 壳长约 25 mm; 壳面灰绿色, 具褐色斑纹和斑点; 壳表具粗糙的螺肋和结节突起; 体螺层中部形成肩部, 基部刻有同心肋; 壳口内面具珍珠光泽; 无脐孔; 厣角质, 圆形, 黄色。

分布于台湾、海南岛、西沙群岛和南沙群岛; 栖息于潮间带至浅海珊瑚礁间。

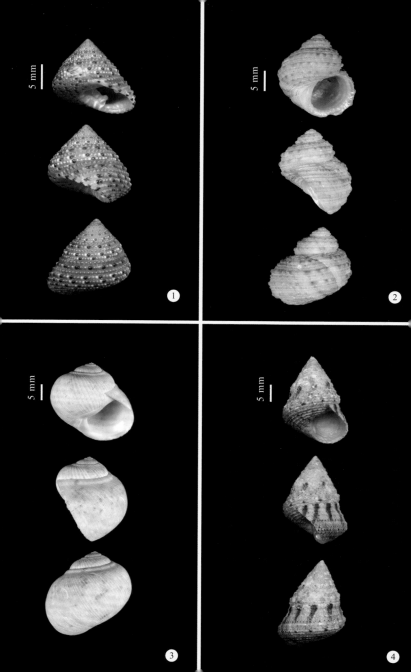

1 **蜡螺** *Umbonium vestiarium* (Linnaeus, 1758)

贝壳小,扁圆形,壳质薄,壳宽约 6 mm;壳面平滑,具光泽,壳色和花纹有变化,缝合线下方常具环带;脐部肥凸,白色或褐色,无脐孔。

分布于台湾和福建以南沿海;群栖于潮间带沙滩上。

2 **肋蜡螺** *Umbonium costatum* (Kiener, 1838)

贝壳低矮,扁圆形,壳宽约 15 mm;壳面具光泽,具均匀的细螺肋和灰绿色细密的波状花纹;脐部突出,深褐色,无脐孔。

分布于福建以南沿海;栖息于潮间带至水深 20~30 m 的沙质海底。

3 **托氏蜡螺** *Umbonium thomasi* (Crosse, 1863)

贝壳低而宽,扁圆形,壳质结实,壳宽约 13 mm;壳面平滑具光泽,壳色和花纹变化大,多具紫色波状或放射状花纹;基部平,脐部呈白色,无脐孔。

分布于中国海区;群栖于细沙质潮间带。

4 **项链螺** *Monilea callifera* (Lamarck, 1822)

贝壳较小,壳质结实,壳长约 15 mm;壳表密布粗细不均的螺肋,肋上具颗粒结节;壳面浅褐色,具纵走的深褐色条斑;壳口内灰白色,轴唇上具 1 个小齿突;脐孔漏斗状,大而深。

分布于南海;栖息于低潮线以下沙质海底。

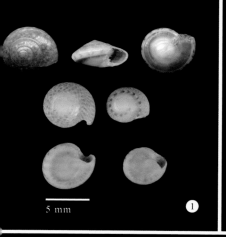

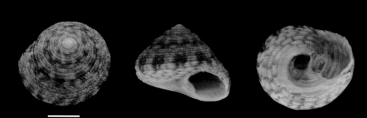

丽口螺科 Calliostomatidae Thiele, 1924

① **口马丽口螺** *Calliostoma koma* (Schikama & Habe, 1965)

贝壳低锥形，壳长约 23 mm；壳面淡褐色，具褐色云状斑；壳表具念珠状细螺肋，肋间具细而平滑的间肋；壳口方圆形，基部微隆起，中央微凹，无脐孔。厣角质，褐色。

分布于渤海和黄海；栖息于水深 20~70 m 的沙或泥沙质海底。

② **单一丽口螺** *Tristichotrochus unicus* (Dunker, 1860)

贝壳圆锥形，壳长约 12 mm；壳面黄白色，具放射状的褐色花纹；壳表细螺肋细密，有的肋上生有极小的颗粒，缝合线上方具 1 列突出螺肋，肋上具白褐相间的斑点；壳口近方形，基部中央凹，无脐孔。

分布于中国海区；栖息于潮间带至浅海 150 m 的岩礁海底。

海豚螺科 Angariidae Gray, 1857

③ **海豚螺** *Angaria delphinus* (Linnaeus, 1758)

贝壳结实，壳长约 45 mm；壳顶低平，螺旋部各层相叠呈阶梯状，体螺层宽大；壳表粗糙，各螺层的肩角上具鳞片和枝状棘，以体螺层肩部的一列最强大；壳面呈灰白色或带紫褐色；壳口内面具珍珠光泽；脐部宽大，脐孔深。

分布于东海和南海；栖息于低潮线附近岩礁间。

④ **瘤棘海豚螺** *Angaria nodosa* (Reeve, 1842)

壳宽约 55 mm，壳质结实；贝壳沿壳轴近平旋，壳表具细螺肋和发达的角状突起；壳面灰白色，细螺肋红褐色；壳口圆形，脐孔明显。

分布于台湾和西沙群岛；栖息于潮间带至浅海岩礁间。

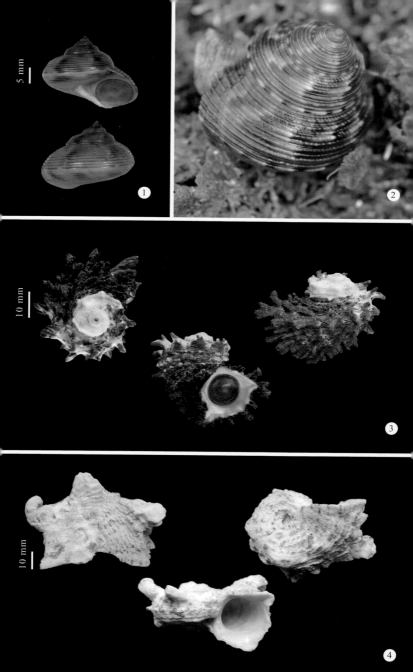

蝾螺科 Turbinidae Rafinesque, 1815

① 金口蝾螺 *Turbo chrysostomus* Linnaeus, 1758

贝壳厚重结实，壳长约 73 mm；壳表密集的螺肋具覆瓦状小鳞片；体螺层 2 列肩角间平直，上方者具发达的角状突起；壳面黄绿色，饰有纵走的棕褐色斑纹；壳口圆形，内面金黄色；无脐孔；厣石灰质，坚厚。

分布于台湾和南海；栖息于低潮线附近的岩礁间。

② 蝾螺 *Turbo petholatus* Linnaeus, 1758

贝壳圆锥形，壳长约 40 mm；壳面褐色，平滑，具瓷光，饰有粗细相间的深色螺带，螺带上具浅色小条斑；壳内具珍珠光泽，无脐孔；厣外面具小颗粒。

分布于台湾、西沙群岛和南沙群岛；栖息于热带珊瑚礁质海底。

③ 节蝾螺 *Turbo bruneus* (Röding, 1798)

贝壳坚厚，壳长约 50 mm；壳面粗糙，刻有粗细相间的螺肋；壳色多灰绿色，杂有紫褐色斑纹；壳内灰白色，具珍珠光泽；脐孔小而深；厣缘部具细颗粒。

分布于广东以南沿海；栖息于潮间带中、低潮区的岩礁间。

④ 角蝾螺 *Turbo cornutus* Lightfoot, 1786

贝壳较大，结实，壳长约 85 mm；壳面灰褐色，具粗细不等的螺肋，肋上具鳞片；体螺层的肩部常具半管状棘，有的个体棘不发达；壳口大，下方扩张；无脐孔；厣灰绿色或灰黄色。

分布于浙江以南沿海；栖息于低潮线附近至 20 m 的岩石海底。

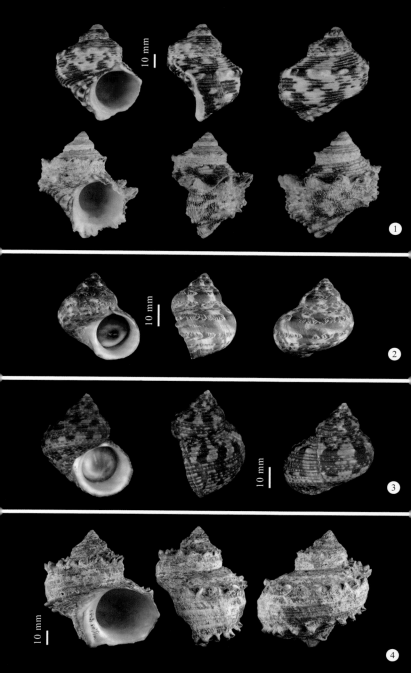

1 **紫底星螺** *Astralium haematragum* (Menke, 1829)

贝壳圆锥形，壳长约 30 mm；壳面灰白，略带紫红色；每螺层下缘近缝合线处以及体螺层周缘具 1 列发达的角状突起；基部平，淡紫红色，具小鳞片组成的同心肋，无脐孔；厣紫红色。

分布于台湾和福建南部以南沿海；栖息于低潮区至浅海岩礁海底。

2 **朝鲜花冠小月螺** *Lunella coronata correensis* (Récluz, 1853)

贝壳近球形，壳质坚固，壳长约 19 mm；壳顶低，体螺层膨圆；壳表密布颗粒状螺肋，近缝合线者颗粒较发达；壳面黄褐与灰绿色相间；壳口圆，无脐孔。

分布于渤海和黄海；栖息于潮间带的岩石间。

3 **粒花冠小月螺** *Lunella coronata granulata* (Gmelin, 1791)

贝壳近球形，壳质坚固，壳长约 29 mm；螺旋部低，体螺层较大；壳表具许多由颗粒组成的细螺肋，缝合线下方和体螺层肩部具瘤状突起；壳面黄褐色，壳内浅黄色，具光泽，脐孔明显。

分布于浙江以南沿岸；栖息于潮间带岩石间。

4 **长刺螺** *Guildfordia yoka* Jousseaume, 1899

贝壳扁圆锥形，周缘生有 8 个管状放射长棘刺，壳宽约 45 mm（不包括棘长）；壳面粉红色，缝合线下方环生数列小颗粒；基部微隆，脐部淡粉色，无脐孔。

分布于台湾海峡和广东以南沿海；栖息于浅海至深海的珊瑚礁或泥沙质海底。

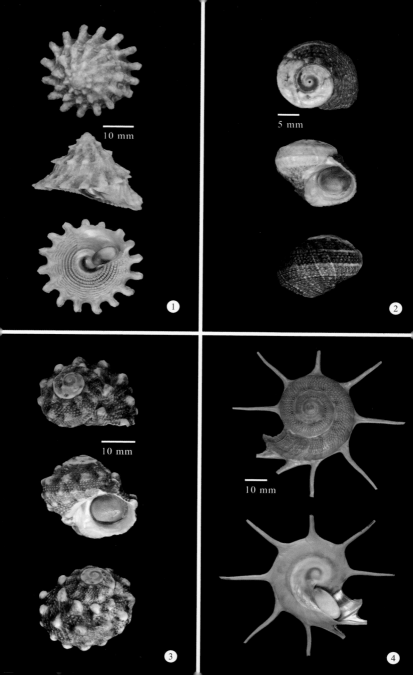

蜑螺科 Neritidae Rafinesque, 1815

1 渔舟蜑螺 *Nerita albicilla* Linnaeus, 1758

贝壳近半球形，壳质坚厚，壳长约 30 mm；体螺层几乎为贝壳之全部，螺旋部全部卷缩于其中；壳表螺肋宽而低平；壳色有变化，具黑色云斑和色带；壳口半圆形，内面瓷白色，外唇内缘具细齿列；内唇宽广，表面具粒状突起。

分布于台湾和福建以南沿海；栖息于潮间带岩石间。

2 矮狮蜑螺 *Nerita chamaeleon* Linnaeus, 1758

贝壳卵圆形，壳质坚厚，壳长约 20 mm；螺旋部低小，略高出于体螺层；体螺层膨大；壳表刻有低平的螺肋，灰白色，具不规则的纵走灰黑色斑纹；壳口半圆形，外唇内缘具 1 列细肋齿，内唇表面具褶襞和颗粒状突起，内缘中央微凹，具 2~4 枚小齿。

分布于台湾和南海；栖息于潮间带岩石间。

3 圆蜑螺 *Nerita histrio* Linnaeus, 1758

外形与矮狮蜑螺近似，但本种螺旋部低平，螺肋粗糙，呈不规则串珠状，生长纹粗糙，有的呈鳞片状。

分布于台湾和南海；栖息于潮间带岩石间。

4 肋蜑螺 *Nerita costata* Gmelin, 1791

贝壳卵圆形，壳长约 26 mm；壳表具粗壮均匀的黑色螺肋，肋间距窄；壳口新月形，内面瓷白色；内、外唇宽厚，具发达的齿；厣半圆形，石灰质。

分布于台湾和广东西部以南沿海；栖息于潮间带岩石或珊瑚礁间。

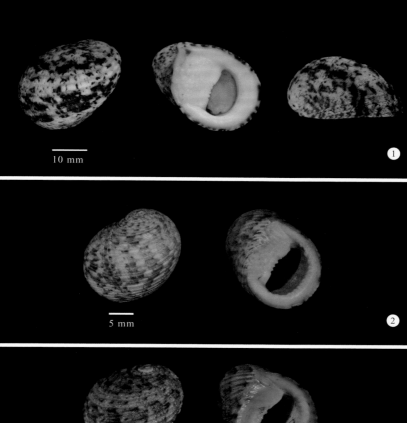

10 mm

1

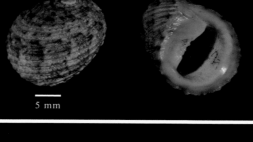

5 mm

2

5 mm

3

5 mm

4

①黑线蜑螺 *Nerita balteata* Reeve, 1855

贝壳近半球形, 壳长约 21 mm; 螺旋部低小, 体螺层膨大; 壳表具黑褐色细螺肋, 肋间宽; 壳口半圆形, 内面黄白色, 外唇内缘具细齿列, 内唇较宽, 中部具 2~3 个齿; 厣半圆形, 石灰质。

分布于福建以南沿海; 栖息于潮间带岩礁间、红树林。

②褶蜑螺 *Nerita plicata* Linnaeus, 1758

贝壳近球形, 壳长约 26 mm; 壳顶尖, 螺旋部小; 壳表螺肋分布均匀; 壳面黄白色或微带淡红色, 有时杂有斑点; 壳口新月形, 内面白色, 外唇内缘有发达的齿, 内唇滑层具褶襞, 内缘具发达的齿。

分布于台湾和广东以南沿海; 栖息于潮间带岩石或珊瑚礁间。

③波纹蜑螺 *Nerita undata* Linnaeus, 1758

贝壳近球形, 壳长约 26 mm; 壳表布有细而均匀的螺肋和黑灰相杂的斑纹; 壳口半圆形, 色白而光亮; 外唇内具 1 列细小的齿, 上端第一个最大, 内唇具褶襞和 3 个发达的齿。

分布于台湾和广东以南沿海; 栖息于潮间带岩石或珊瑚礁间。

④条蜑螺 *Nerita striata* Burrow, 1815

贝壳与波纹蜑螺近似, 壳长约 27 mm, 但本种壳表螺肋相对较细, 体螺层可见约 3 条深色螺带。

分布于台湾和广东以南沿海; 栖息于潮间带岩礁间。

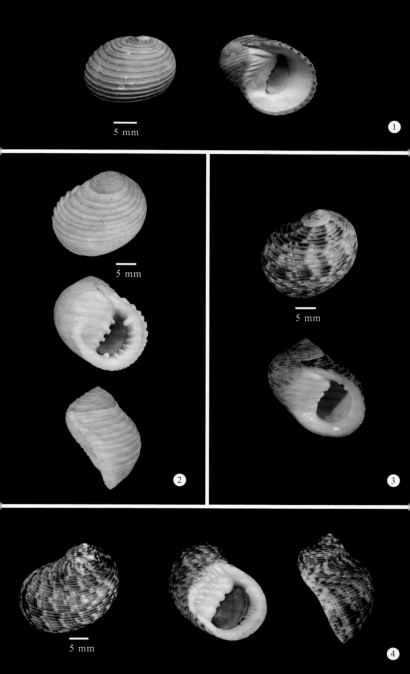

1 **锦蜑螺** *Nerita polita* Linnaeus, 1758

贝壳半球形,壳长约 30 mm,为本科中较大者;螺旋部低平;壳面光滑,生长纹明显;壳色有变化,具灰黑色云斑或红色螺带;壳口白色,半月形,外唇内缘齿列细弱,内唇宽广,微凸,光亮平滑,内缘中部具 3 个短齿。

分布于台湾、海南岛和西沙群岛;栖息于潮间带岩石或珊瑚礁间。

2 **杂色蜑螺** *Nerita litterata* Gmelin, 1791

贝壳与锦蜑螺近似,但本种的贝壳相对较小,壳长 11~21 mm,壳表刻有明显的螺纹;壳面常具不规则的纵走波纹;内唇微凹,缺乏光泽,中部的小齿间具明显的沟。

分布于台湾、福建、广东、广西、海南和西沙群岛;栖息于潮间带岩石间或砾石间。

3 **齿纹蜑螺** *Nerita yoldii* Récluz, 1841

贝壳卵形,壳长 8~17 mm;壳表具细螺肋或不明显,螺肋间距较宽;壳面白色或黄白色,具黑色花纹;壳口黄绿色,外唇内缘具 1 列细齿,内唇中部具 2~3 个小齿。

分布于浙江以南沿海;栖息于潮间带高、中潮区的岩石间。

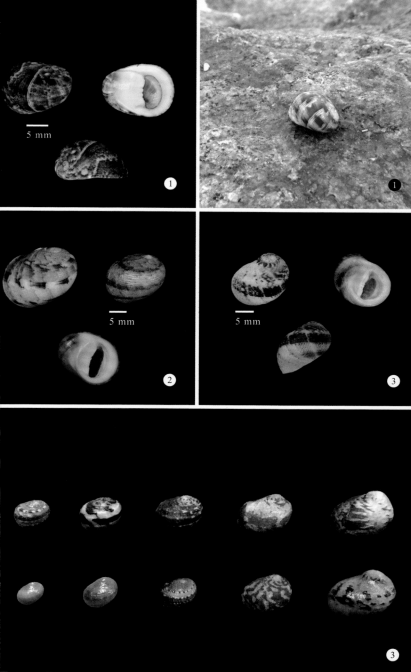

1 **奥莱彩螺** *Clithon oualaniense* (Lesson, 1831)

贝壳小，近球形，壳长约 10 mm；螺旋部低小，体螺层膨圆；壳表光滑，壳色变化极多，花纹丰富；壳口半圆形；内唇中部微凹，具数枚小齿。

分布于台湾和广东以南沿海；群栖于高潮区有淡水注入的泥沙滩上。

2 **多色彩螺** *Clithon sowerbianum* (Récluz, 1843)

贝壳小，壳长约 12 mm；壳顶常被腐蚀，壳面颜色有变化，多具黑色或褐色，常具纵走条纹、螺带或斑点；壳口半圆形，壳内多为青色，内唇中部微凹，具数枚小齿。

分布于台湾和广东以南沿海；栖息于高潮线附近常有淡水注入的泥沙质底。

3 **紫游螺** *Neripteron violaceum* (Gmelin, 1791)

壳长约 15 mm；螺旋部卷入体螺层后方；壳表光滑，生长纹在近壳口处较粗糙；壳面黄褐色，布有曲折的深棕色波状花线纹；壳口面宽广，橘黄色或青灰色，内唇中部具细齿列。

分布于台湾和浙江以南沿岸；栖息于红树林或有淡水注入的河口附近。

4 **笠形环螺** *Septaria porcellana* (Linnaeus, 1758)

壳顶内卷，近贝壳后缘，壳长约 25 mm；壳面光滑，生长纹明显；贝壳白色，表面布有不规则的三角形暗紫色线纹或不规则的黑色放射带；壳口广大，内唇呈黄色。

分布于台湾；栖息于河口区。

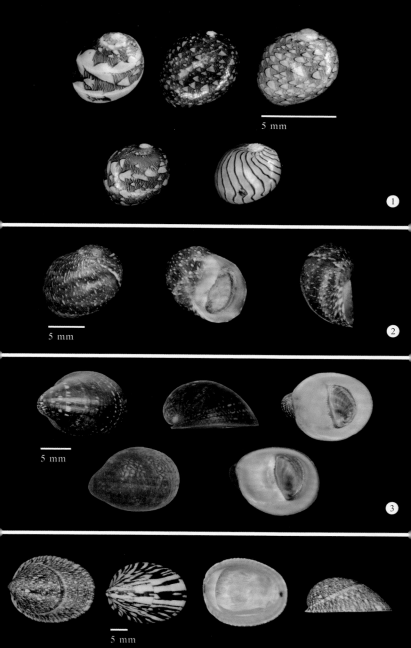

拟蜑螺科 Neritopsidae Gray, 1847

1 齿舌拟蜑螺 *Neritopsis radula* (Linnaeus, 1758)

贝壳近半球形，壳长 13~20 mm；螺旋部小，体螺层膨大，缝合线深；壳面白色，密布串珠状螺肋，肋间刻有格子状的细纹；壳口大，近卵圆形，内唇中部具凹陷。

分布于台湾、西沙群岛和南沙群岛；栖息于浅海岩礁间。

滨螺科 Littorinidae Children, 1834

2 短滨螺 *Littorina brevicula* (Philippi, 1844)

贝壳近陀螺形，壳长约 13 mm；螺表螺肋粗细和间距不均匀；生长纹细密。壳色有变化，多呈黄绿色，杂有褐色、白色等云斑；壳口圆，内面褐色。

分布于我国南北沿海；栖息于高潮线附近的岩石间。

3 黑口拟滨螺 *Littoraria melanostoma* (Gray, 1839)

贝壳圆锥形，壳长约 23 mm；壳表具低平的螺肋，肋间距窄；壳面黄绿色，肋上具较规律的褐色斑点；壳口卵圆形，壳轴紫黑色。

分布于东海和南海；栖息于高潮区的红树林树枝上。

4 粗糙拟滨螺 *Littoraria scabra* (Linnaeus, 1758)

贝壳圆锥形，壳长约 30 mm；壳表具细螺肋，缝合线上方具 1 条粗肋，此肋在体螺层的中部形成 1 个明显的棱角；壳面灰黄色，饰有紫褐色纵走波状螺带；壳口卵圆形。

分布于我国南北沿海；栖息于高潮线附近的岩礁上或红树林的树枝上。

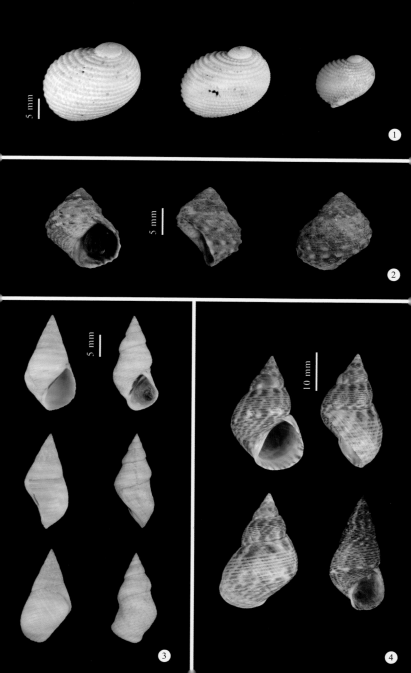

① **波纹拟滨螺** *Littoraria undulata* (Gray, 1839)

　　贝壳圆锥形，壳长约 18 mm；壳面刻有低平的螺肋；壳色有变化，并饰有紫褐色纵走的波纹状花纹；壳口圆，内面浅褐色。

　　分布于南海；栖息于高潮线附近的岩礁上。

② **中间拟滨螺** *Littoraria intermedia* (Philippi, 1846)

　　贝壳圆锥形，壳质稍薄，壳长约 16 mm；壳面壳表刻有许多细的螺旋沟纹；壳面黄褐色，布有曲折的褐色线纹或斑纹；壳口卵圆形，壳内有与壳表相应的斑纹。

　　分布于我国沿海；栖息于高潮带附近的岩石上。

③ **小结节滨螺** *Echinolittorina radiata* (Souleyet, 1852)

　　贝壳小，近陀螺形，壳长约 12 mm；螺旋部小，体螺层大；壳表具粗细相间的小颗粒状螺肋；壳面青灰色，有的杂有褐色斑纹，通常壳顶颜色深；壳口卵圆形，内褐色。

　　分布于我国南北沿岸；栖息于潮间带的岩石间。

④ **塔结节滨螺** *Nodilittorina pyramidalis* (Quoy & Gaimard, 1833)

　　螺旋部较高，尖锥形；壳长约 15 mm；壳面青灰色，具发达的粒状突起和细螺肋，突起部位颜色较浅；壳口圆，内紫褐色。

　　分布于东海和南海；栖息于高潮线附近的岩石间。

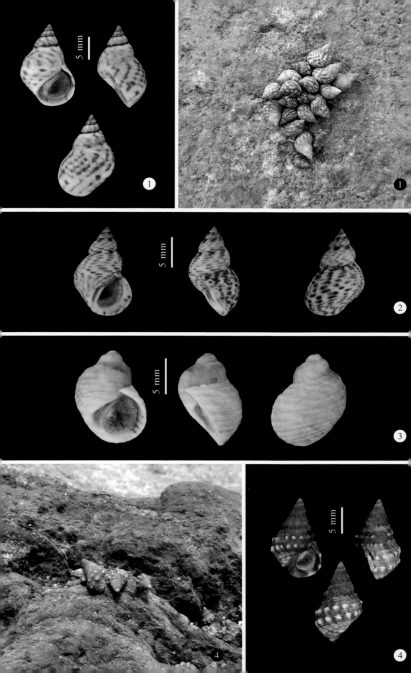

拟沼螺科 Assimineidae H. Adams & A.Adams, 1856

① 绯拟沼螺 *Pseudomphala latericea* (H. Adams & A. Adams, 1864)

贝壳长卵圆形，壳质坚硬，壳长约 18 mm；壳面绯红色，光滑，生长纹细密，缝合线下方颜色较浅，并刻有细螺纹；壳表壳口卵圆形，外唇薄，内唇遮盖脐部。

分布于渤海、黄海和东海；栖息于河口区咸淡水交汇区的泥或泥沙质底潮间带。

② 琵琶拟沼螺 *Assiminea lutea* A. Adams, 1861

贝壳较小，卵圆锥形，壳长约 6.7 mm；壳质薄但结实；缝合线下方具 1 条细螺肋，略形成肩角；壳面黄褐色，各螺层中部和体螺层基部具 1 条褐色宽螺带；壳口卵圆形，外唇薄，内面可透见壳面螺带。

分布于辽宁至广西沿海；栖息于河口区沙或泥沙至海底。

狭口螺科 Stenothyridae Fischer, 1885

③ 光滑狭口螺 *Stenothyra glabra* A. Adams, 1861

贝壳似桶状，两端略细，中间膨圆，壳长约 4.5 mm；壳质结实，半透明；壳口圆形，狭小。

分布于渤海、黄海和东海；栖息于河口区泥质底潮间带。

锥螺科 Turritellidae Lovén, 1847

④ 笋锥螺 *Turritella terebra* (Linnaeus, 1758)

贝壳尖锥形，壳长约 160 mm；螺旋部高起，缝合线深，螺层中部膨凸；壳表具明显的细螺肋，肋间具细肋；壳面黄褐色；壳口近圆形，内淡褐色。

分布于台湾和福建以南沿海；栖息于潮下带水深数十米的泥沙质海底。

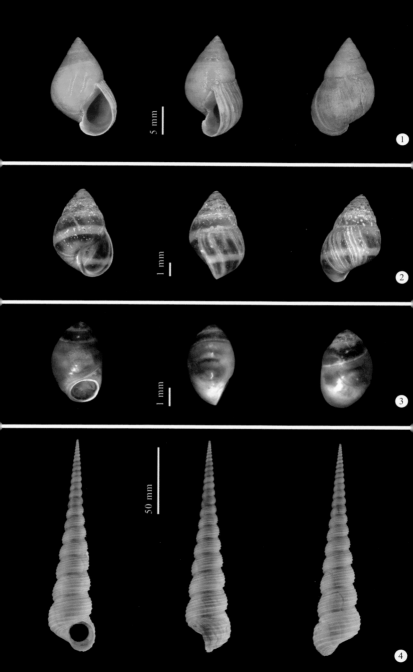

1 棒锥螺 *Turritella bacillum* Kiener, 1843

贝壳尖锥形,壳长约 135 mm;螺旋部高起,每螺层下半部稍膨胀;壳表具粗细不均匀的细螺肋;壳面黄褐色或紫褐色;壳口近圆形,内面具与壳面螺肋相对应的沟纹。

分布于浙江以南沿海;栖息于低潮线至水深数十米的泥沙质海底。

壳螺科 Siliquariidae Anton, 1838

2 刺壳螺 *Tenagodus anguinus* (Linnaeus, 1758)

贝壳不规则螺旋弯曲形,壳长约 75 mm;壳面紫褐色至紫色,具数条生有棘刺的螺肋;沿壳顶至壳口具 1 条细的由小孔排列而成的裂缝。

分布于台湾和南海;栖息于浅海至较深海底的海绵丛中。

蛇螺科 Vermetidae Rafinesque, 1815

3 大管蛇螺 *Ceraesignum maximum* (G. B. Sowerby I, 1825)

贝壳较大,多扭曲成不规则的管状;壳面粗糙,具生长纹形成的小皱褶,在壳口附近呈鳞片状;壳面灰白或黄灰色;壳口近圆形,内面瓷白色。

分布于台湾、海南、西沙群岛和南沙群岛;栖息于低潮线附近至浅海珊瑚礁。

4 覆瓦小蛇螺 *Thylacodes adamsii* (Mörch, 1859)

贝壳盘踞成卧蛇状,大部分固着在岩石上,仅壳口部稍游离;壳面呈褐色,具粗细相间的粗糙的螺肋;壳口圆或卵圆形,内呈褐色。

分布于浙江以南沿岸;固着在潮间带的岩石上生活。

10 mm

10 mm

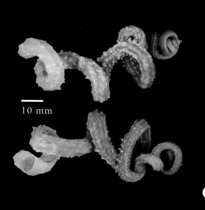

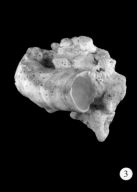

10 mm

平轴螺科 Planaxidae Gray, 1850

① **平轴螺** *Planaxis sulcatus* (Born, 1778)

贝壳长卵圆形，壳长约 20 mm；壳面灰白色，刻有排列整齐的低平螺肋，其上具褐色或紫褐色的斑块，有的连成放射状的色带；壳口卵圆形，内面具放射细肋，轴唇白色。

分布于东海和南海；栖息于高潮区的岩礁上。

② **黑平轴螺** *Supplanaxis niger* (Quoy & Gaimard, 1833)

贝壳较小，长卵圆形，壳长约 7 mm；贝壳褐色，外被黄色壳皮；壳面光滑，仅在体螺层基部刻有数条细螺纹，生长纹斜；壳口斜卵圆形，外唇内缘具细齿列，内唇滑层上方具 1 个结节。

分布于台湾和广东；栖息于潮间带。

独齿螺科 Modulidae Fischer, 1884

③ **平顶独齿螺** *Indomodulus tectum* (Gmelin, 1791)

贝壳近拳形，壳长约 20 mm；螺旋部低平，体螺层膨大；体螺层肩部以上壳面具斜行的纵肋；壳表细螺肋具结节突起；壳面白色，布有紫褐色斑点。壳口广大，轴唇淡紫色，下方具 1 个发达的齿；脐孔小，被部分内唇遮盖。

分布于台湾和西沙群岛；栖息于岩礁或珊瑚礁的浅海。

汇螺科 Potamididae H. Adams & A. Adams, 1854

① 珠带拟蟹守螺 *Pirenella cingulata* (Gmelin, 1791)

贝壳锥形，壳长约 32 mm；螺旋部高起，各螺层具 3 条串珠状螺肋；体螺层仅最上方呈串珠状，腹面左侧常具 1 条纵肿肋；壳面黄褐色，具褐色螺带；壳口内面印有紫褐色螺带，外唇扩张，前沟较明显；厣角质，圆形。

分布于我国南北沿海；栖息于有淡水注入的潮间带泥沙滩上。

② 麦氏拟蟹守螺 *Cerithidea moerchii* (A. Adams, 1855)

壳顶常被腐蚀，剩余壳长 23~30 mm；壳面纵横螺肋相交处形成颗粒状突起；壳色有变化，通常螺层下部棕色，上部壳色较浅；壳口内面具细沟纹和棕色螺带。

分布于台湾和南海；栖息于有淡水注入的河口区泥沙质底潮间带，常生活在红树林的环境中。

③ 中华拟蟹守螺 *Cerithidea sinensis* (Philippi, 1848)

贝壳长锥形，壳质较薄，壳顶常被腐蚀，剩余壳长约 30 mm；壳表具排列整齐的纵肋，在体螺层的背面纵肋较弱或不明显；壳面黄褐色，具褐色螺带；壳口内面灰棕色，具与壳面相应的螺带。

分布于河北、山东、江苏、上海、浙江和广西；栖息于高潮区的河口附近或有淡水注入的泥沙滩上。

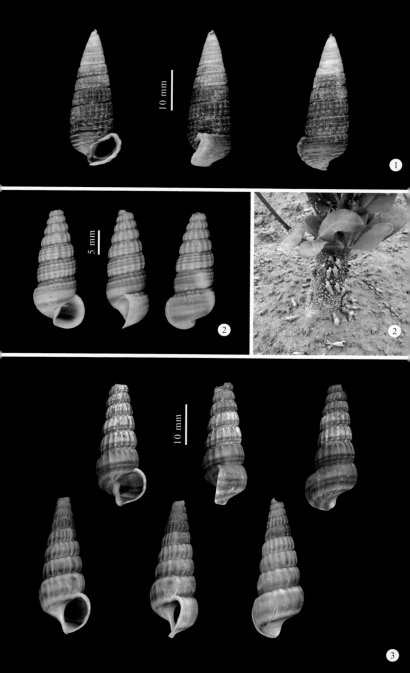

1

10 mm

2

5 mm

2

3

10 mm

1 尖锥拟蟹守螺 *Cerithidea largillierti* (Philippi, 1848)

贝壳与中华拟蟹守螺相近，但本种螺旋部尖高，体螺层表面纵肋减弱或不明显，具纵肿肋和由生长纹组成的纵走褶襞。

分布于我国沿海；栖息于潮间带泥或泥沙滩上。

2 望远蟹守螺 *Telescopium telescopium* (Linnaeus, 1758)

贝壳圆锥形，壳长约 74 mm；螺层周缘平直，体螺层基部平，周缘形成肩角；壳面黑褐色，向壳顶颜色变浅；每螺层具 4~5 条螺肋；壳口近长方形，内面黑褐色，内唇扭曲呈 "S" 形。

分布于台湾和南海；栖息于红树林泥沙滩上。

3 沟纹笋光螺 *Terebralia sulcata* (Born, 1778)

贝壳重厚而结实，壳长 30~50 mm；壳面青褐色，具细螺沟和宽平的纵肋，二者交织常呈格子状；壳口半圆形，内面可见红褐色螺带，外唇向外翻转，前端向腹面卷曲延伸，遮盖前沟，仅留 1 个圆孔。

分布于台湾、广东和海南；栖息于高潮区红树林或有淡水注入的泥沙滩上。

滩栖螺科 Batillariidae Thiele, 1929

4 纵带滩栖螺 *Batillaria zonalis* (Bruguière, 1792)

贝壳尖锥形，壳长约 35 mm；螺旋部高起，体螺层稍向腹面弯曲；壳表具纵肋和粗细不均的螺肋；贝壳黑褐色或青灰色，缝合线下方常具 1 条灰白色螺带；壳口卵圆形，内具褐色条纹。

分布于我国沿海，南方多于北方沿海；栖息于潮间带高、中潮区或有淡水注入的泥沙滩上。

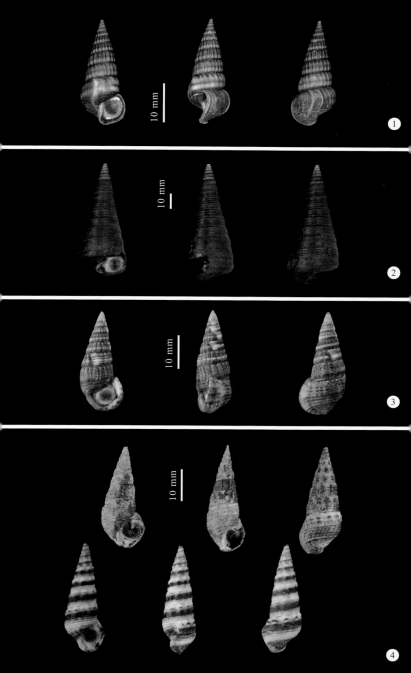

10 mm

①

10 mm

②

10 mm

③

10 mm

④

1 古氏滩栖螺 *Batillaria cumingii* (Crosse, 1862)

贝壳近似于纵带滩栖螺，但本种个体稍长小，壳长约 25 mm；壳顶常被磨损；壳表刻有低平的细螺肋，纵肋通常在上部螺层较明显，下部消失；贝壳青灰色，在螺肋上常具褐色斑点。

分布于辽宁至福建沿海；栖息于潮间带高、中潮区或有淡水注入的泥沙滩上，喜群栖。

2 疣滩栖螺 *Batillaria sordida* (Gmelin, 1791)

壳长约 35 mm；壳顶常磨损，贝壳基部稍向腹面弓曲；壳面粗糙，灰褐色，壳表具黑褐色疣状突起排成的螺肋；壳口卵圆形，外唇边缘常有黑褐色螺线，轴唇瓷白色，前沟短。

分布于台湾和福建以南沿岸；栖息于潮间带中潮区的岩石上或砾石间，喜群栖。

蟹守螺科 Cerithiidae Fleming, 1822

3 蟹守螺 *Cerithium nodulosum* Bruguière, 1792

贝壳尖塔形，壳质厚实，壳长约 117 mm；壳面粗糙，布有低平的螺肋，每螺层中部具发达的角状突起；壳面灰白色，杂有褐色斑点和斑纹；壳口内白色，外唇边缘具瓣状缺刻，轴唇上下方各具 1 个褶襞，前沟稍斜，后沟较短。

分布于台湾、海南岛、西沙群岛和南沙群岛；栖息于低潮线附近的浅海珊瑚礁间或沙质海底。

4 棘刺蟹守螺 *Cerithium echinatum* Lamarck, 1822

贝壳塔形，壳长约 50 mm；壳面粗糙，刻有不均匀的螺肋，各螺层的肩部具短角状突起；壳面白色，布有褐色斑点和斑纹；壳口内瓷白色，外唇边缘具齿状缺刻，轴唇上方具 1 个齿，前沟曲向背方，后沟缺刻状。

分布于台湾、海南岛和西沙群岛；栖息于低潮区至浅海珊瑚礁间。

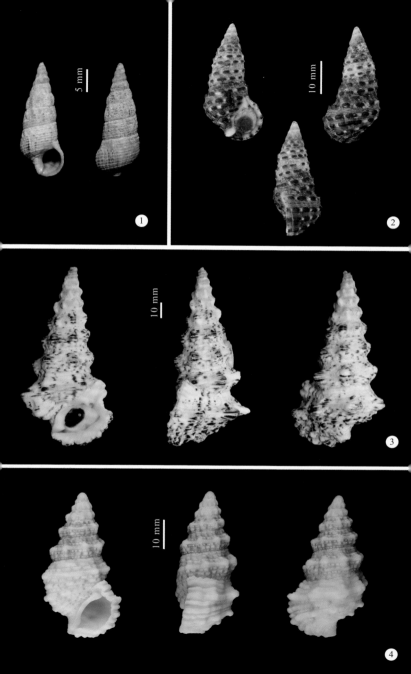

① **芝麻蟹守螺** *Cerithium punctatum* Bruguière, 1792

贝壳较小,壳长约 10 mm;每螺层具 3 条螺肋,中间 1 列较为凸出,形成弱的肩角;螺肋间刻有细螺纹;壳面白色,螺肋上具褐色斑点;壳口较小,轴唇淡紫色,前沟缺刻状。

分布于台湾和南海;栖息于潮间带岩石上,喜群栖。

② **特氏楯桑椹螺** *Cerithium traillii* G. B. Sowerby II, 1855

壳长约 40 mm;螺旋部高起,具纵肿肋;壳表具颗粒状螺肋,肋间具细螺肋;壳面淡黄褐色,颗粒凸起颜色较深;壳口卵圆形,前后沟较小。

分布于台湾和海南岛;栖息于潮间带至浅海岩礁或沙质海底。

③ **双带楯桑椹螺** *Cerithium zonatum* (W. Wood, 1828)

壳长约 25 mm;壳表纵横螺肋相交形成念珠状突起,纵肿肋不规律;每螺层上部白色,下部褐色;体螺层具相间的黑白螺带各 2 条;壳口卵圆形,外唇厚。

分布于台湾、广东和海南;栖息于高潮区岩石上。

④ **中华锉棒螺** *Rhinoclavis sinensis* (Gmelin, 1791)

贝壳尖锥形,壳长约 45 mm;壳面黄褐色,杂有紫褐色斑,具珠粒状螺肋,缝合线下方具 1 条发达的螺肋,其上具小结节突起;各螺层的不同方位常出现纵肿肋;壳口白色,前沟突出,向背方弯曲。

分布于台湾和福建以南沿海;栖息于潮间带至浅海沙质海底。

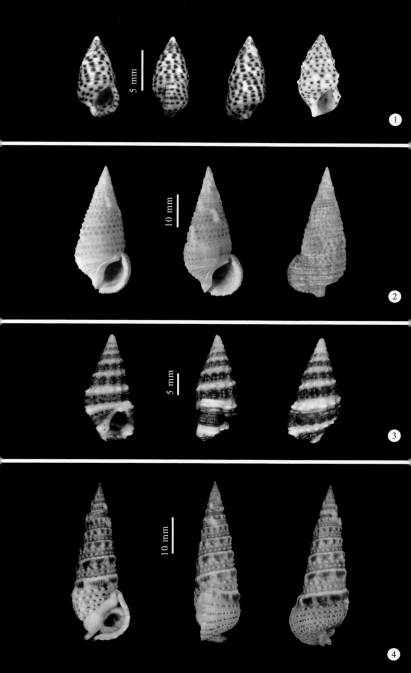

1 **普通锉棒螺** *Rhinoclavis vertagus* (Linnaeus, 1767)

贝壳笋形，壳长约 64 mm；壳顶数层表面纵肋和螺肋交叉形成颗粒突起，向下方逐渐消失，仅纵肋较粗，有的螺层具纵肿肋；壳面黄白色，突起颜色较浅；壳口斜，轴唇下方具 1 个肋状齿，前沟向背方弯曲，后沟窄小。

分布于台湾和海南；栖息于潮间带中、低潮区至浅海沙质海底。

2 **粗纹锉棒螺** *Rhinoclavis aspera* (Linnaeus, 1758)

壳长约 40 mm；贝壳洁白，螺旋部塔形，壳面较强的纵肋和弱的螺肋相交点形成齿状结节；壳口斜卵圆形，内唇微扩张，轴唇上具 2 个褶襞，前沟向背方反曲。

分布于台湾、西沙群岛和南沙群岛；栖息于潮间带至浅海沙滩上。

3 **节锉棒螺** *Rhinoclavis articulata* (A. Adams & Reeve, 1850)

贝壳尖锥形，壳长约 34 mm；螺旋部高起；壳表具结节组成的螺肋，每螺层中间 1 条螺肋的结节较突出而稀疏；壳面乳白色，具浅黄褐色的色斑；壳口斜，外唇内面具数条精细的螺肋，前沟向背方反曲。

分布于台湾和南海；栖息于浅海。

马掌螺科 HipponicidaeTroschel, 1861

4 **圆锥马掌螺** *Sabia conica* (Schumacher, 1817)

贝壳多呈低圆锥形，壳质坚厚，壳高约 9 mm，壳口宽约 18 mm；贝壳无螺旋，壳顶朝向后方，自壳顶向四周放射出发达的螺肋；壳面土黄色或灰褐色；壳口内面瓷白色，周缘具齿状缺刻。

分布于台湾、海南岛和西沙群岛；常附着生活在其他贝壳上，附着处常形成凹陷。

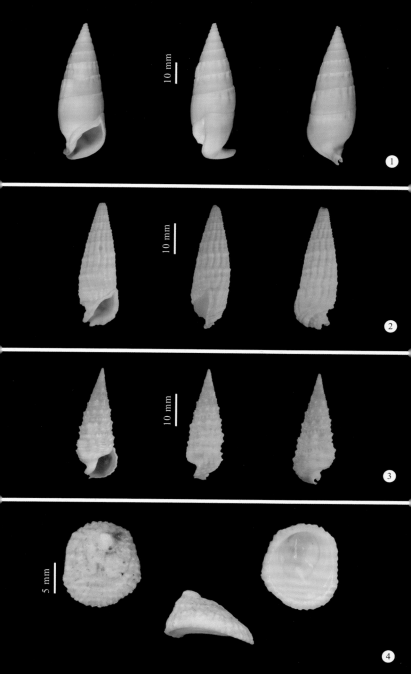

① **毛螺** *Pilosabia trigona* (Gmelin, 1791)

贝壳不规则笠状，壳高约 8 mm，壳口宽约 20 mm；贝壳无螺旋，壳顶位于后方；壳面细的放射肋和同心环肋交织成布纹状，并生有细密的黄褐色壳毛；壳口宽广，内面白色或淡褐色，富有光泽。

分布于台湾和南海；栖息于浅海，附着在贝壳或其他物体上。

尖帽螺科 Capulidae Fleming, 1822

② **鸟嘴尖帽螺** *Capulus danieli* (Crosse, 1858)

贝壳略笠状，壳质较薄，壳高约 9 mm，壳口宽约 26 mm；壳顶小而尖，向后方卷曲似鸟喙；壳表略不平，生长纹细密；壳面黄白色，壳顶部橘红色，隐约可见放射状螺带，外被 1 层黄褐色壳皮；壳口内肉红色，肌痕明显。

分布于台湾和广东以南沿海；栖息于浅海，常附着在日月贝或扇贝等贝壳上。

帆螺科 Calyptraeidae Lamarck, 1809

③ **笠帆螺** *Desmaulus extinctorium* (Lamarck, 1822)

贝壳斗笠状，壳质较薄，壳口宽约 30 mm，壳高约为壳宽的 1/2；壳顶高起，位于中央；壳面平滑，同心生长纹细密；壳色有变化，有的杂有棕色斑点或细的放射纹，壳顶颜色较深；壳口内具光泽，具 1 个牛角形管状隔片。

分布于台湾、福建、广东和海南岛；栖息于低潮线附近，附着在岩石或贝壳上。

④ **扁平管帽螺** *Siphopatella walshi* (Reeve, 1859)

贝壳扁平，多椭圆形，形状有变化，有的壳缘向背方翘起；壳质薄，壳宽约 30 mm；壳顶小，微凸起；壳面白色或黄白色，同心螺纹细；壳内光洁，具 1 个扇形的隔片，隔片上具 1 个扁管。

分布于我国南北沿海；栖息于浅海，常附着在空贝壳的壳口内。

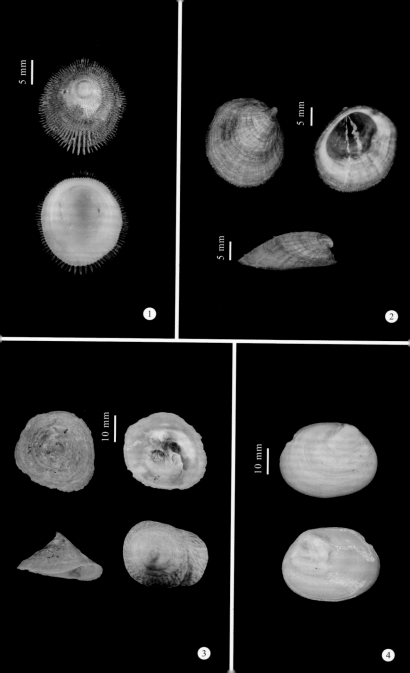

衣笠螺科 Xenophoridae Philippi, 1852

① 拟太阳衣笠螺 Xenophora solarioides (Reeve, 1845)

贝壳低笠状，壳宽约 20 mm；壳面白色，其上黏附一些小石块和碎贝壳，几乎完全覆盖壳背面；基部较平，刻有细弱小颗粒组成的螺肋，壳口斜；脐孔大而深；厣角质，长卵圆形，黄褐色。

分布于台湾和浙江以南沿海；栖息于潮下带浅海泥沙或石砾质海底。

② 光衣笠螺 Onustus exutus (Reeve, 1842)

贝壳低圆锥形，壳宽 50~85 mm；壳质薄，壳面光滑，浅褐色，具斜行波纹；每一螺层的周缘具凸出的齿状薄片；基部中凹，刻有以脐孔为中心的放射状纹；脐孔圆而深。

分布于东海和南海；栖息于水深 10~260 m 的沙泥和碎贝壳质海底。

③ 中华衣笠螺 Stellaria chinensis (Philippi, 1841)

贝壳笠状，壳质较薄，壳高约 25 mm，壳宽约 60 mm；壳面黄紫色，刻有斜行布纹；沿着缝合线常黏附有碎贝壳或小石砾等；基部较平，刻有弧形放射肋，与细螺纹相交成小颗粒凸起；脐孔深。

分布于台湾和南海；栖息于浅海泥沙或碎贝壳质海底。

④ 太阳衣笠螺 Stellaria solaris (Linnaeus, 1764)

贝壳笠状，壳高约 27 mm，壳宽约 70 mm；壳面黄褐色，具布纹状雕刻，各螺层周缘具向外延伸的扁管状突起；基部较平，表面弧形放射肋和极细的环纹相交形成细小颗粒；脐孔深，被部分内唇滑层遮盖。

分布于台湾和南海；栖息于潮下带浅海石砾或泥沙质海底。

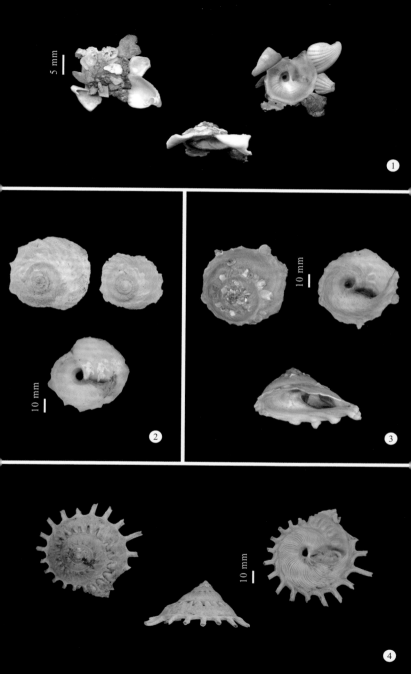

笛螺科 Rostellariidae Gabb, 1868

1 珍笛螺 *Tibia martinii* (Marrat, 1877)

贝壳长纺锤形，壳长约 135 mm；螺旋部尖高，壳面黄褐色，具极细弱螺纹和生长线；壳口橄榄形，外唇边缘外翻加厚，边缘具数枚三角形短棘，前水管沟尖，稍延长。

分布于台湾和南海；栖息于较深的沙泥质海底。

2 长笛螺 *Tibia fusus* (Linnaeus, 1758)

壳长约 240 mm；螺旋部高起，壳顶数层表面纵、横肋相交成格纹状，体螺层下方集数条螺旋纹；壳面黄褐色，外被黄褐色壳皮，壳顶数层颜色较浅；壳口外唇边缘具 5~6 个爪状短棘，前水管沟极长，近壳长的 1/2。

分布于台湾、海南岛和南沙群岛；栖息于潮下带至稍深的泥沙质海底。

3 沟纹笛螺 *Rimellopsis powisii* (Petit de la Saussaye, 1840)

壳长约 52 mm；螺旋部尖锥状，常在不同位置出现纵肿肋；壳面黄褐色，具较深色斑纹；壳表密布细螺肋，肋间沟刻有精细的纵走线纹；壳口橄榄形，外唇宽厚，边缘常具 4~6 枚尖齿，前沟半管状。

分布于台湾和广东以南沿海；栖息于潮下带水深百米以上的软泥或沙质海底。

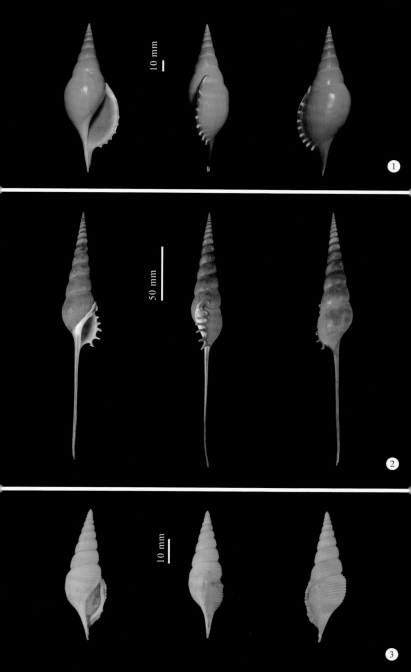

凤螺科 Strombidae Rafinesque, 1815

❶ 水晶凤螺 *Strombus canarium* Linnaeus, 1758

贝壳近卵圆菱形，壳长约 55 mm；螺旋部圆锥形，螺层膨圆，常具数条纵肿肋，体螺层膨大；壳面黄褐色，平滑具光泽；壳口狭长，内瓷白色，外唇扩张呈翼状，边缘加厚，稍向内卷曲。

分布于东海和南海；栖息于浅海泥沙质海底。

❷ 篱凤螺 *Strombus luhuanus* Linnaeus, 1758

贝壳倒圆锥形，壳长约 65 mm；螺旋部低小，体螺层骤然增大，肩部圆；壳面饰有棕色纵行波状花纹；外被黄褐色壳皮，易脱落；壳口窄长，内橘红色或粉红色，轴唇黑褐色。

分布于台湾和广东以南沿海；栖息于潮间带海藻丛生的岩石间或珊瑚礁间沙质海底。

❸ 斑凤螺 *Strombus lentiginosus* Linnaeus, 1758

贝壳近拳状，壳质坚厚；壳长约 75 mm；贝壳腹面光滑具光泽，背面粗糙不平，具大小不等的瘤状突起；壳面灰白色，杂有红褐色斑块和斑点；壳口乳内橘红色，外唇边缘加厚，上下具缺刻。

分布于台湾、海南岛、东沙群岛、西沙群岛和南沙群岛；栖息于浅海珊瑚礁间或岩礁间的沙质底上。

❹ 铁斑凤螺 *Strombus urceus* Linnaeus, 1758

贝壳纺锤形，壳长约 55 mm；各螺层的中部和体螺层上方形成肩角，纵肋在肩角上形成结节突起；壳面黄白色，具棕色斑点和花纹；壳口狭长，周缘黑褐色，外唇内面刻有许多沟纹。

分布于台湾和南海；栖息于低潮线附近至浅海沙质或珊瑚礁间的砂砾质海底。

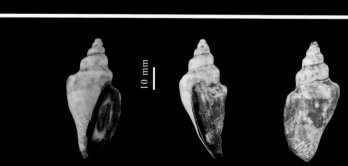

① **齿凤螺** *Strombus dentatus* Linnaeus, 1758

贝壳近纺锤形，壳长约 48 mm；各螺层具纵肋；壳面黄白色，具黄褐色波状花斑；壳口前端宽，后端窄，内面黑紫色，刻有细密的白色细螺纹，外唇下部具 3~4 枚齿，前沟微曲向背方。

分布于台湾、海南岛和西沙群岛；栖息于低潮区至浅海沙质底或珊瑚礁间。

② **强缘凤螺** *Strombus marginatus robustus* G. B. Sowerby III, 1875

壳长约 49 mm；螺旋部收缩且短小，刻有细纵肋和纵肿肋；体螺层膨大，肩部较圆，基部明显收缩，腹面左侧具 1 个龙骨状纵肋；壳面白褐相间，腹面颜色较浅；壳口狭长，外唇边缘薄，微扩张。

分布于台湾和福建以南沿海；栖息于低潮区至浅海沙质或泥沙质海底。

③ **驼背凤螺** *Strombus gibberulus gibbosus* (Röding, 1798)

贝壳两端尖瘦，壳长约 47 mm；螺旋部具纵肿肋和不均匀的膨肿，使螺层多少有些扭曲；壳面具褐色螺带和锯齿状花纹或斑点；壳口狭长，内紫色，刻有许多线纹，前沟微曲向背方。

分布于台湾、海南岛和西沙群岛；栖息于低潮线附近至浅海沙质或珊瑚礁海底。

④ **宽凤螺** *Strombus latissimus* Linnaeus, 1758

贝壳大而厚重，壳长 190~220 mm；螺旋部小，体螺层宽大，缝合线上方具 1 列结节突起；壳面淡黄色，饰有褐色或深褐色的纵走花纹和斑块；壳口外唇扩张而宽厚，呈扇面状，下方具 1 个大的 "U" 形凹槽。

分布于台湾和南海；栖息于浅海水深约 10 m 的岩礁和珊瑚礁质海底。

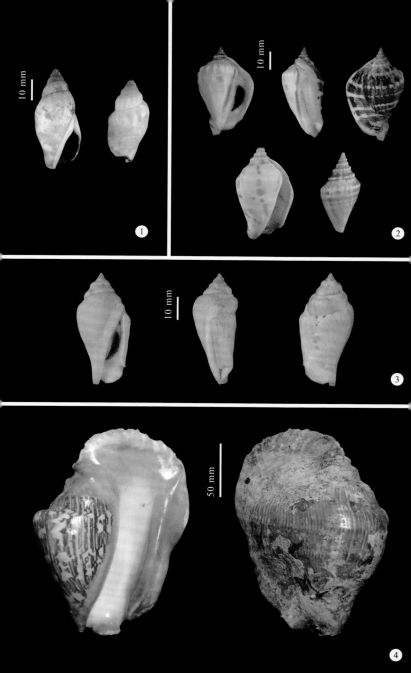

1 黑口凤螺 *Strombus aratrum* (Röding, 1798)

壳长约 98 mm；螺旋部较高，纵肋在肩角上形成结节突起；壳表刻有细螺肋；壳面黄褐色，密布黑褐色斑纹；腹面滑层厚，上部呈黑褐色；壳口内面橘色，外唇扩张，上方伸出 1 个指状棘突。

分布于台湾、广西和海南；栖息于浅海沙质海底。

2 紫袖凤螺 *Strombus sinuatus* Lightfoot, 1786

壳长约 110 mm；壳面光滑，淡黄色，饰有褐色花纹和花斑；螺层肩部位于缝合线上方，肩部具结节突起；壳口内紫红色，外唇扩张呈扇面状，上方具 3~4 个花瓣状突起。

分布于台湾和南海；栖息于浅海水深 10~20 m 的岩礁和珊瑚礁海底。

3 带凤螺 *Strombus vittatus* Linnaeus, 1758

贝壳纺锤形，壳质结实，壳长约 85 mm；螺旋部高，表面具纵肋；壳面黄褐色，体螺层具数条白色斑块组成的螺带；壳口狭长，内面白色，外唇扩张呈翼状。

分布于台湾和广东以南沿海；栖息于潮下带至浅海数十米水深的沙或泥沙质海底。

4 水字螺 *Lambis chiragra* (Linnaeus, 1758)

贝壳厚重，壳长可达 300 mm（包括棘长）；壳表具瘤状突起和不均匀的螺肋；壳面密布紫褐色斑点和花纹；壳口内呈橘红色或肉色，边缘具 6 条强大的向四周伸展的爪状棘，呈"水"字形，幼体爪状棘不发达。

分布于台湾和海南各岛礁；栖息于低潮线至数米水深的岩礁和珊瑚礁间的沙质海底。

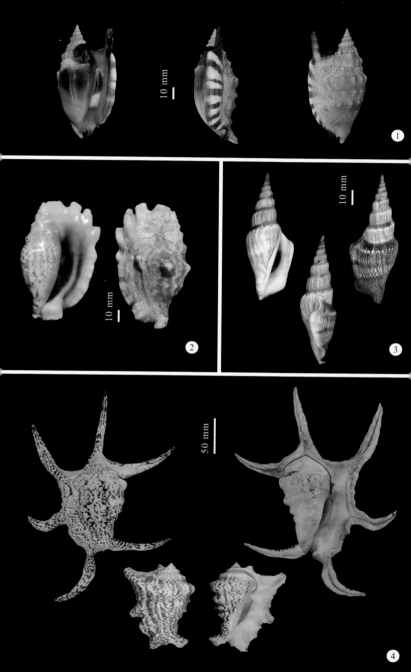

1 **蜘蛛螺** *Lambis lambis* (Linnaeus, 1758)

壳质结实，形似蜘蛛，壳长可达 160 mm（包括棘长）；缝合线上方形成肩角；体螺层上方具 2 条结节突起；壳面布有褐色斑点和花纹；腹面平滑；壳口长，内面肉色，外唇长，边缘扩张，具 7 条爪状棘，幼体棘不明显。

分布于台湾、海南岛、东沙群岛、西沙群岛和南沙群岛；栖息于珊瑚礁间。

2 **桔红蜘蛛螺** *Lambis crocata* (Link, 1807)

贝壳较蜘蛛螺瘦小，壳长约 130 mm（包括棘长）；壳表具粗细相间的螺肋和结节突起；壳面灰白色或黄褐色；壳口内橘红色，外唇扩张，边缘具 7 条细长的爪状棘，中间 5 条棘均向壳顶方向弯曲。

分布于台湾、西沙群岛和南沙群岛；栖息于浅海岩礁间或珊瑚礁间。

3 **蝎尾蜘蛛螺** *Lambis scorpius* (Linnaeus, 1758)

贝壳与橘红蜘蛛螺近似，壳长约 120 mm（包括棘长），但本种缝合线上方肩角明显；背面刻有细螺肋和 3 条不均匀的结节突起；壳口狭长，内、外唇紫褐色，密布白色的不均匀的细肋，外唇扩张，伸出 7 条爪状棘，棘上具结节。

分布于台湾、西沙群岛和南沙群岛；栖息于珊瑚礁间。

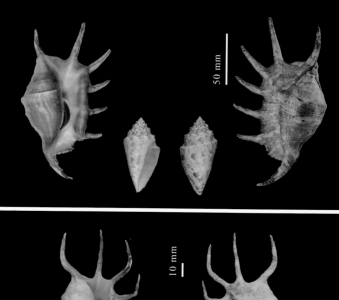

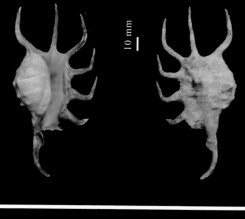

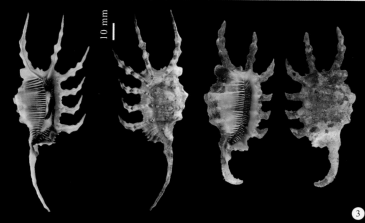

钻螺科 Seraphsidae Gray, 1853

1 **钻螺** *Terebellum terebellum* (Linnaeus, 1758)

　　贝壳圆筒状,壳质较薄,壳长约 45 mm;壳顶似弹头,螺旋部短小,体螺层高大;壳面光滑,颜色和花纹有变化,具白色、淡黄色或褐色等多种颜色,常饰有褐色或红褐色斑纹;壳口狭长,前端呈截形。

　　分布于台湾和南海;栖息于潮下带浅海细沙和泥质沙海底。

玉螺科 Naticidae Guilding, 1834

2 **玉螺** *Natica vitellus* (Linnaeus, 1758)

　　贝壳近球形,壳长约 42 mm,壳宽与壳长近等,壳质较厚;壳顶黑褐色,壳面黄白色,缝合线上方和体螺层的中部具黄褐色螺带;壳口宽大,脐部滑层结节小,脐孔大而深;厣石灰质,外缘具 2 条凹沟。

　　分布于台湾和福建以南沿海;栖息于潮下带浅海细沙或沙泥质海底。

3 **斑玉螺** *Natica tigrina* (Röding, 1798)

　　贝壳近球形,壳长约 28 mm;缝合线稍深,壳顶紫色,其余壳面黄白色,密布紫褐色斑点;生长纹细密;壳口卵圆形,内面青白色;脐孔小而深;厣石灰质,白色,外缘刻有 2 条凹沟。

　　分布于中国南北沿海;栖息于潮间带泥沙或泥质海滩。

4 **蝶翅玉螺** *Naticarius alapapilionis* (Röding, 1798)

　　贝壳近球形,壳质薄而结实,壳长约 30 mm;缝合线稍深,壳面黄白色,饰有浅褐色螺带和断续的褐色斑块组成的螺带;壳口半圆形,下方较扩张,脐孔部分被滑层结节掩盖;厣石灰质,刻有 6~7 条凹沟。

　　分布于台湾和广东以南沿海;栖息于浅海沙或泥沙质海底。

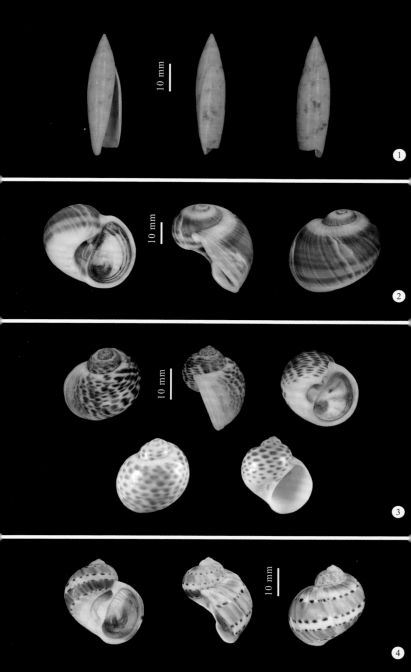

1 线纹玉螺 *Tanea lineata* (Röding, 1798)

贝壳近球形,壳质较薄,壳长约 30 mm;壳顶黑紫色,壳面土黄色,密布纵走的棕色线纹;壳口半圆形,脐较宽大,部分被滑层结节遮盖;厣石灰质,外缘刻有 2 条凹沟。

分布于台湾和福建以南沿海;栖息于低潮线至水深约 40 m 的沙或沙泥质海底。

2 微黄镰玉螺 *Euspira gilva* (Philippi, 1851)

壳长约 40 mm;壳面膨凸,螺旋部呈圆锥形,缝合线较深;壳表光滑,黄褐色或灰黄色,螺旋部多青灰色;生长纹细密;壳口卵圆,内面灰紫色;厣角质,栗色。

分布于我国沿海;栖息于潮间带泥或泥沙滩上。

3 扁玉螺 *Glossaulax didyma* (Röding, 1798)

贝壳半球形,壳宽约 70 mm,宽度大于壳长;壳面淡黄褐色,缝合线下方具 1 条彩虹状螺带;壳口卵圆形,脐部褐色滑层结节上刻有 1 条明显的沟痕,脐孔大而深;厣角质。

分布于我国南北沿海,北方多于南方;栖息于潮间带至浅海沙或泥沙质海底。

4 广大扁玉螺 *Glossaulax reiniana* (Dunker, 1877)

贝壳近球形,壳长约 40 mm;壳面平滑,可见生长纹,缝合线下方壳面稍有缢缩;壳色淡褐色或淡黄色;壳口半圆形,内面肉色,脐部白色的滑层结节上刻有 1 条沟痕,脐孔大而深;厣角质,褐色。

分布于辽宁到广东沿海;栖息于潮下带至浅海沙和泥沙质海底。

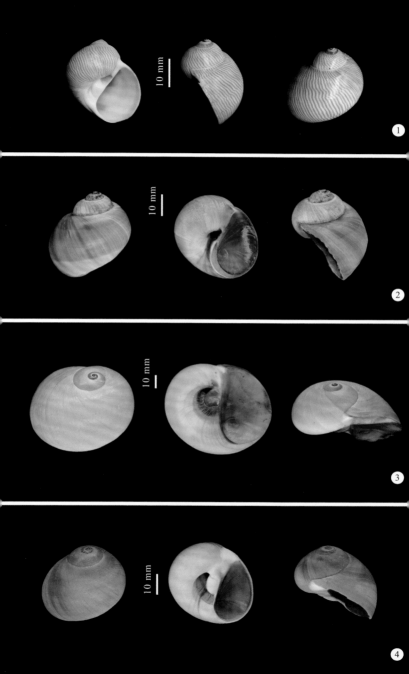

① **梨形乳玉螺** *Polinices mammilla* (Linnaeus, 1758)

贝壳梨形，壳长约 40 mm；螺旋部突出，呈乳头状，缝合线浅；壳面平滑而具光泽，洁白如玉；壳口半圆形，内面白色；滑层结节填满了脐部和全部脐孔；厣角质，红棕色。

分布于台湾和广东以南沿海；栖息于潮间带中、低潮区至浅海细沙质海底。

② **脐穴乳玉螺** *Polinices flemingianus* (Récluz, 1844)

贝壳近似梨形乳玉螺，但本种较宽短，个体较小，壳长约 30 mm；壳面黄白色，光滑，有时出现皱纹；壳口半圆形，内唇滑层宽厚，脐孔窄而深；厣角质，褐色。

分布于台湾、广东、广西和海南；栖息于潮间带至潮下带稍深的沙质海底。

③ **蛋白乳玉螺** *Polinices albumen* (Linnaeus, 1758)

贝壳扁，卵圆形，壳宽约 40 mm；螺旋部极低，体螺层极宽大，占贝壳的全部；壳面橘黄色，壳顶部和基部白色；壳口半圆形，脐部宽大，具发达的牛角状结节，脐孔深。

分布于台湾和海南；栖息于潮间带至浅海沙或泥沙质海底。

④ **乳玉螺** *Mammilla mammata* (Röding, 1798)

贝壳长卵圆形，壳长约 32 mm；螺旋部小，体螺层大；壳面黄白色，具棕色螺带，外被黄褐色薄壳皮；壳口宽大，轴唇较直，褐色，脐孔小。

分布于东海和南海；栖息于潮间带至浅海沙或泥沙质海底。

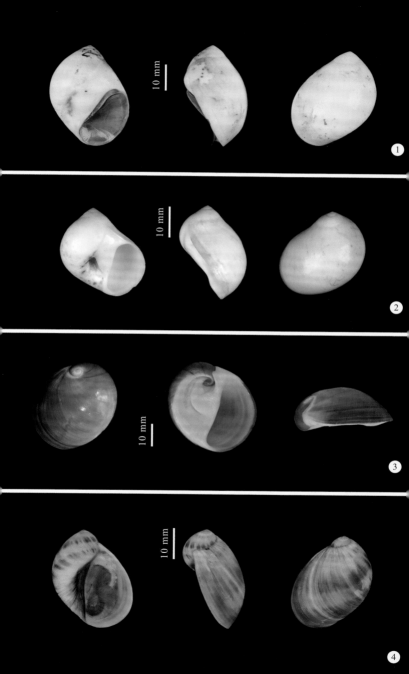

❶ 黑口乳玉螺 *Mammilla melanostoma* (Gmelin, 1791)

　　壳长约 43 mm；螺旋部小，体螺层膨大，几乎占贝壳的全部；壳面灰白色，体螺层上具淡褐色螺带；壳口大，脐孔狭小，轴唇及脐区黑褐色。

　　分布于台湾和南海；栖息于潮下带至水深 30 m 左右的沙质海底。

❷ 爪哇窦螺 *Sinum javanicum* (Gray, 1834)

　　贝壳扁平，卵圆形，壳宽约 36 mm；壳顶小，呈紫色；体螺层相当宽大，表面刻有低平而均匀的螺肋；壳面白色，外被黄褐色薄壳皮；壳口大，脐孔不明显；软体部不能完全缩入壳内。

　　分布于东海和南海；栖息于水深 10~80 m 的沙或泥沙质海底。

宝贝科 Cypraeidae Rafinesque, 1815

❸ 双斑疹贝 *Pustularia bistrinotata bistrinotata* Schilder & Schilder, 1937

　　贝壳近球形，壳长约 16 mm；背部膨圆，两端突出呈鸟喙状；壳面淡黄色，具颗粒状突起，背部具黄褐色斑块，两端和基部饰有黄褐色斑点；壳口细长，两唇齿明显。

　　分布于台湾和南海；栖息于浅海珊瑚礁或礁石缝隙间。

❹ 葡萄贝 *Staphylaea staphylaea staphylaea* (Linnaeus, 1758)

　　贝壳卵圆形，壳长约 18 mm；壳面淡紫褐色，两端红褐色；背面密布颗粒状突起，背线细沟状；壳口窄长，两唇齿延伸整个腹面。

　　分布于台湾和广东以南沿海；栖息于低潮区礁石间或浅海珊瑚礁间。

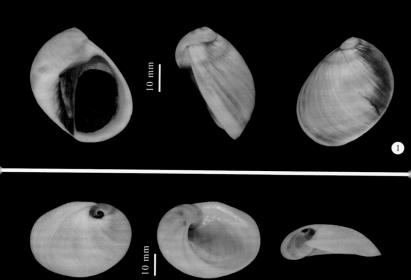

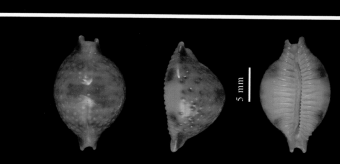

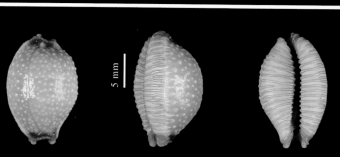

① 眼球贝 *Erosaria erosa* (Linnaeus, 1758)

贝壳长卵圆形，壳长约 39 mm；两端微凸出，壳面黄褐色或稍带暗绿色，具密集的白色小斑点，在两侧的中部分别具 1 块褐色斑；腹面黄白色；壳口内淡紫色，两唇齿粗。

分布于台湾和广东以南沿海；栖息于低潮区至浅水岩礁间，退潮后常隐退在石块下或缝隙间。

② 黍斑眼球贝 *Erosaria miliaris* (Gmelin, 1791)

贝壳近梨形，壳长约 42 mm；背部膨圆，两端收缩；壳面黄褐色，密布大小不等的白色斑点，背线略显；前后端和腹面呈白色；壳口内淡紫色，两唇齿稀疏而粗壮。

分布于浙江、台湾、海南岛至南沙群岛；栖息于低潮线至浅海泥沙质海底或岩礁间。

③ 枣红眼球贝 *Erosaria helvola* (Linnaeus, 1758)

贝壳卵圆形，壳长约 24 mm；壳面布有许多不规则的白点和稀疏的枣红色斑点，壳前后端淡紫色，背线明显；腹面红褐色或黄褐色；壳口窄，两唇齿粗壮而稀疏。

分布于台湾、广东、海南、西沙群岛和南沙群岛；栖息于低潮区至水深约 20 m 的浅海，常隐居在礁石下或缝隙间。

④ 蛇首货贝 *Monetaria caputserpentis* (Linnaeus, 1758)

贝壳近卵圆形，壳长约 31 mm；两侧缘较扁，背部隆起；壳面褐色，布有白色斑点，壳前、后端青白色，周围黑褐色；腹面周缘色深，中央色淡；两唇齿粗壮。

分布于台湾和福建以南沿海；栖息于低潮线附近至浅海，常隐藏在洞穴或石块下。

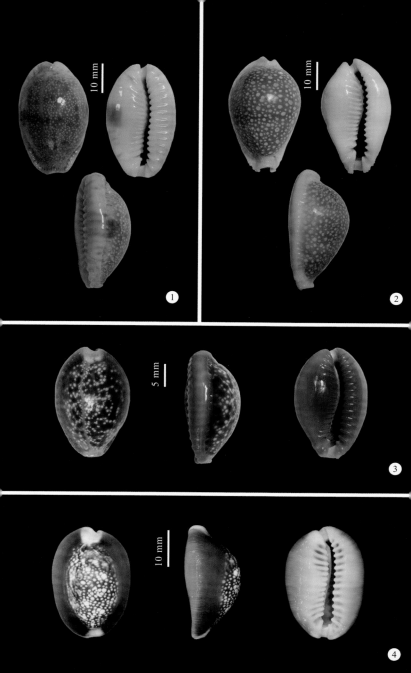

❶ 货贝 *Monetaria moneta* (Linnaeus, 1758)

贝壳低平卵圆形，壳长约 24 mm；在壳上部两侧多出现隆起；壳面黄色，常具 2~3 条不太明显的螺带；腹面黄白色；壳口窄长，两різ齿稍粗。

分布于台湾、香港、海南、西沙群岛和南沙群岛；栖息于潮间带中、低潮区的浅洼内或岩礁间。

❷ 环纹货贝 *Monetaria annulus* (Linnaeus, 1758)

贝壳近似于货贝，壳长约 20 mm；但本种壳面较膨圆，青灰白色，背部具 1 个明显的金黄色环纹，环纹在贝壳两端常中断；腹面白色，中凹；两唇齿列稀疏且较粗壮。

分布于台湾和广东以南沿海；栖息于潮间带中、低潮区的浅洼内、岩礁间或海草床上。

❸ 虎斑宝贝 *Cypraea tigris* Linnaeus, 1758

贝壳卵圆形，壳长约 100 mm；壳面极光滑，壳色有变化，多灰白色或淡褐色，密布不规则的黑褐色斑点，背线明显；两侧和腹面白色；壳口窄长，内白色，两唇缘齿列较短小，前沟凸出，后沟钝。

分布于台湾、香港、海南、西沙群岛和南沙群岛；栖息于低潮区或稍深的岩礁质海底或珊瑚礁海域，退潮后常隐居在洞穴和缝隙间。

❹ 图纹宝贝 *Leporicypraea mappa mappa* (Linnaeus, 1758)

贝壳卵圆形，壳长约 84 mm；背部膨圆，具纵行而曲折的褐色线纹，背线明显且向两侧分枝，形似图纹；腹面肉红色，两侧缘具边界模糊的褐色斑点；两唇齿短小。

分布于台湾和西沙群岛；栖息于浅海珊瑚礁间或礁石下。

① **绶贝** *Mauritia mauritiana* (Linnaeus, 1758)

贝壳大而重厚，壳长约 90 mm；背部中央隆起，壳面黑褐色，布有不规则的黄白色斑点；腹面和两侧缘黑褐色；壳口稍宽，两唇齿短而强，齿间颜色浅。

分布于台湾、海南和西沙群岛；栖息于浅海岩礁或珊瑚礁间。

② **阿文绶贝** *Mauritia arabica arabica* (Linnaeus, 1758)

贝壳长卵圆形，壳长约 71 mm；壳面浅褐色，具不规则的环纹和断续的纵走点线花纹；背线明显；腹面两侧缘具紫褐色斑点；两唇齿短而细，红褐色。

分布于台湾、福建以南沿海至南沙群岛；栖息于浅海岩礁和珊瑚礁质海底。

③ **山猫眼宝贝** *Lyncina lynx* (Linnaeus, 1758)

贝壳长卵圆形，下端稍瘦，壳长约 40 mm；壳色有变化，多黄褐色或淡黄色，背面散有稀疏的褐色圆斑和密集小斑点；背线明显；腹面黄白色；壳口狭长，两唇较短，齿间褐色。

分布于台湾、香港、海南、西沙群岛和南沙群岛；栖息于低潮区至浅海岩礁或珊瑚礁间。

④ **卵黄宝贝** *Lyncina vitellus* (Linnaeus, 1758)

贝壳长卵圆形，壳长约 50 mm；背部膨圆，黄褐色，布有许多大小不等的乳白色圆斑，并具 3 条不太明显的螺带；壳口狭长，内面灰白色，外唇齿较内唇齿发达。

分布于台湾和广东以南沿海；栖息于低潮区至浅海岩礁或珊瑚礁海底。

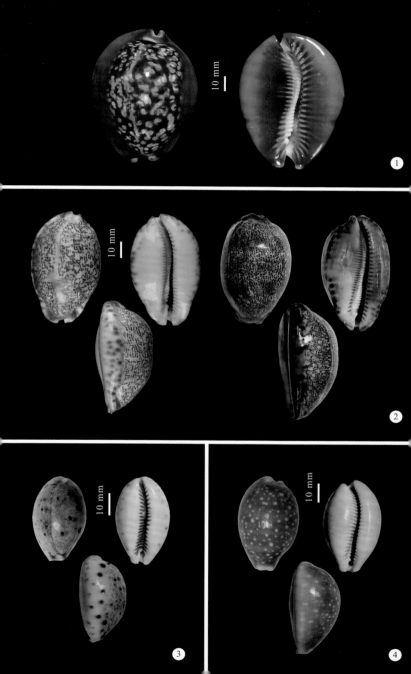

1 肉色宝贝 *Lyncina carneola* Linnaeus, 1758

贝壳长卵圆形,壳长约 70 mm;壳面肉色,背部饰有 4 条宽的肉红红色螺带;腹面黄白色;两唇内缘齿列细密,紫色。

分布于台湾、香港、海南岛、西沙群岛和南沙群岛;栖息于低潮区或浅海岩礁质底,退潮后常隐居在石块下或洞穴中。

2 秀丽枣形贝 *Contradusta pulchella pulchella* (Swainson, 1823)

贝壳略近梨形,壳长约 38 mm;壳面青灰色或淡黄褐色,背部具较密的浅褐色斑点和大块褐色斑纹,斑块常连接成断续的色带;两侧缘具褐色斑点;两唇齿呈深褐色,内唇齿长,外唇齿较短。

分布于台湾和南海;栖息于潮下带浅海泥沙、碎贝壳或岩礁质底。

3 拟枣贝 *Erronea errones errones* (Linnaeus, 1758)

贝壳近圆筒形,壳长约 28 mm;壳面蓝灰色,密布褐色小斑点,背部中央通常具大块褐色斑纹;腹面黄白色;壳口窄长,两唇齿短而稀疏。

分布于台湾和福建以南至海南;栖息于潮间带中潮区至低潮线附近,常隐居于礁石下或缝隙间。

4 筒形拟枣贝 *Erronea cylindrica cylindrica* (Born, 1778)

贝壳筒形,较瘦长,壳长约 30 mm;壳面灰白色或浅蓝灰色,背部散有褐色小斑点,两端具深褐色斑块,中央具 1 大块褐色云斑;壳口长,下部稍宽,外唇齿稀疏而较粗壮,内唇齿前后端较粗短,中部者较细长。

分布于台湾和南海;栖息于潮间带至浅海珊瑚礁区或岩石间。

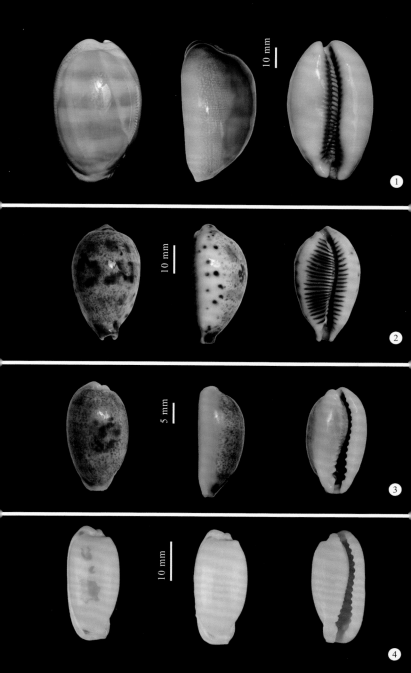

❶ 棕带焦掌贝 *Palmadusta asellus asellus* (Linnaeus, 1758)

贝壳较小,长卵圆形,壳长约 15 mm;背部膨圆,壳面白色,具 3 条黑棕色宽螺带;两侧缘和腹面白色,隐约可见由背部延伸来的 3 条螺带;壳口狭长,两唇齿稍长。

分布于台湾和南海;栖息于低潮区附近至浅海的岩礁海底。

❷ 断带呆足贝 *Blasicrura interrupta* (Gray, 1824)

贝壳长卵圆形,壳长约 20 mm;壳面淡黄色或略带青灰色,密布黄褐色斑点,背部可见 4 条深色斑块断续连成的螺带;两侧缘和腹面黄白色;壳口狭长,两唇齿粗壮。

分布于台湾、广西和海南;栖息于低潮区的珊瑚礁间或礁石下。

❸ 黄褐禄亚贝 *Luria isabella* (Linnaeus, 1758)

贝壳近筒形,壳长约 33 mm;壳面淡褐色,背面隐约可见 2 条螺带,有的个体具纵走断续的褐色线状纹,有的个体不明显;壳两端凸出部分橘红色;腹面淡褐色或白色;两唇齿小而细密。

分布于台湾和广东以南沿海;栖息于低潮线附近或潮下带稍深的珊瑚礁间和礁石块下。

❹ 鼹宝贝 *Talparia talpa* (Linnaeus, 1758)

贝壳长卵圆形,壳长约 70 mm;壳面褐色,富光泽,饰有 3 条浅色螺带,壳两端和整个腹面黑褐色;壳口两唇齿细密,齿间颜色浅。

分布于台湾、海南、西沙群岛和南沙群岛;栖息于浅海,常隐藏在礁石下面。

❶ 龟甲宝贝 *Chelycypraea testudinaria* (Linnaeus, 1758)

贝壳近筒形，为本科中大型者，壳长可超过 100 mm；壳面浅褐色，具大块黑褐色斑纹和大小不等的斑点，壳面和两侧密布细如砂砾的小白点；腹面淡褐色；壳口近直，两唇齿列细而短。

分布于台湾、西沙群岛和南沙群岛；栖息于浅海珊瑚礁间。

❷ 蛇目宝贝 *Arestorides argus argus* (Linnaeus, 1758)

贝壳近筒形，壳长约 81 mm；壳面黄褐色，背面具许多褐色空心环纹，有的环纹较大且颜色较深似蛇目，另具 3~4 条模糊的螺带；腹面光滑；壳口内、外唇各饰有 2 块褐色斑块，外唇上方者或不明显，两唇齿红褐色，稍延长。

分布于台湾和南海；栖息于浅海珊瑚礁海底。

梭螺科 Ovulidae Fleming, 1822

❸ 瓮螺 *Calpurnus verrucosus* (Linnaeus, 1758)

贝壳近菱形，两端瘦，中部宽，壳长约 25 mm；背部中间隆起，形成 1 条横脊；壳面白色，两端紫红色，两端凹坑内各具 1 个圆形疣状结节，结节周缘呈黄色；壳口狭长，弓曲，外唇具齿列，内唇平滑。

分布于台湾和南海；栖息于浅海珊瑚礁区。

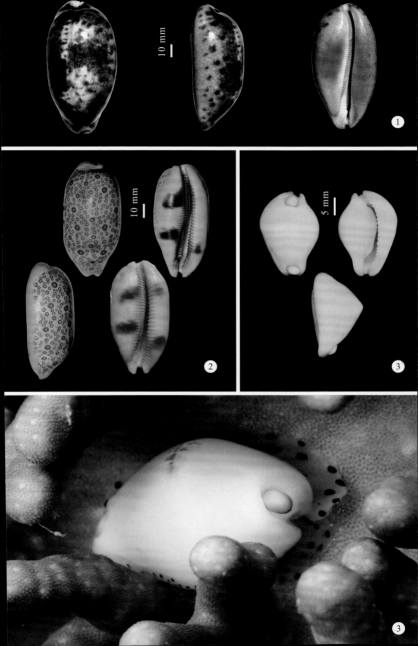

① 卵梭螺 *Ovula ovum* (Linnaeus, 1758)

为本科中体型最大者，壳长可达 100 mm；贝壳卵圆形，两端凸出，背部膨圆，壳面洁白光滑如瓷；壳口长而弓曲，外唇边缘厚，刻有不均匀的褶襞，内唇平滑。

分布于台湾、海南、西沙群岛和南沙群岛；栖息于低潮线至浅海珊瑚礁间。

② 钝梭螺 *Volva volva* (Linnaeus, 1758)

壳长约 140 mm；贝壳前后水管沟细长，管状，中部膨圆，壳面肉色，前后两末端颜色稍深；壳表刻有细弱浅螺纹；壳口稍宽，稍弯曲。

分布于台湾和广东以南沿海；栖息于浅海石砾、泥沙或软泥质底。

③ 玫瑰骗梭螺 *Phenacovolva rosea* (A. Adams, 1855)

壳长约 40 mm；贝壳两端尖，中部膨胀，前后水管沟延长，稍弯曲，背部刻有细螺旋沟；壳色多呈肉色、红褐色等，背部中央常具 1 条白色螺带；壳口下方稍宽，外唇边缘内卷。

分布于台湾和南海；栖息于潮下带浅海，多见于柳珊瑚上。

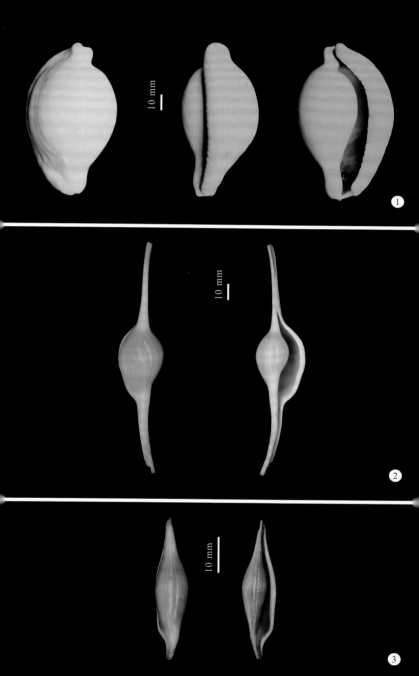

冠螺科 Cassidae Latreille, 1825

① 唐冠螺 *Cassis cornuta* (Linnaeus, 1758)

为本科中体型最大者，壳长可超过 310 mm；螺旋部小，体螺层膨大，表面具 3~4 列粗壮的螺肋，肋上生有结节突起，肩部具 1 列发达的角状突起；壳面橘黄色至灰白色，饰有褐色斑块和斑点；壳口狭长，橘黄色，外唇内缘具发达的齿，内唇滑层宽厚，光滑且有光泽，轴唇具褶襞。

分布于东海和南海；栖息于潮下带浅海沙或碎珊瑚质海底。

② 鬘螺 *Phalium glaucum* (Linnaeus, 1758)

贝壳近球形，壳长约 120 mm；螺旋部刻有细螺肋，肩部具颗粒突起；壳面灰褐色，常出现纵肿肋；壳口内棕色，外唇边缘增厚，内缘具齿列，外缘下方具 3~4 个短棘，内唇下半部扩张成 1 个片状平面，前沟宽短，向背方扭曲；厣小，角质，浅黄褐色。

分布于台湾、广东和海南；栖息于潮间带至浅海沙质海底。

③ 带鬘螺 *Phalium bandatum* (Perry, 1811)

贝壳长卵圆形，壳长约 130 mm；壳顶尖，壳面黄白色，纵、横向的淡黄褐色螺带交织形成褐色方块；具螺肋和纵肿肋，肩部具颗粒突起；外唇翻卷，内缘具齿列，外缘下端具 3~4 个短棘，内唇滑层扩张成片状，轴唇具褶襞；厣小，角质，栗色。

分布于台湾和南海；栖息于潮下带浅海细沙质海底。

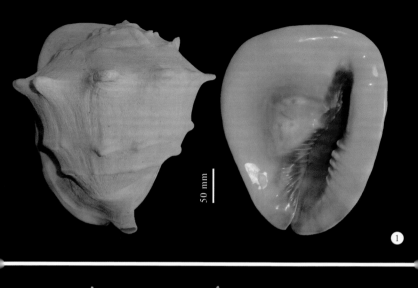

1 布纹鬘螺 *Phalium decussatum* (Linnaeus, 1758)

贝壳卵圆形，壳长约 50 mm；壳面黄白色，具布纹状雕刻和排列整齐的褐色方斑，体螺层腹面左侧纵肿肋发达；壳口外唇厚，内缘具齿列，外缘上部具 2 个齿尖，内唇滑层扩张，轴唇上具褶襞；厣小，角质，浅黄褐色。

分布于台湾和广东以南沿海；栖息于潮下带浅海沙或泥沙质海底。

2 沟纹鬘螺 *Phalium flammiferum* (Röding, 1798)

贝壳长卵圆形，壳长约 110 mm；壳面刻有精细的螺纹，体螺层腹面左侧具 1 条发达的纵肿肋；壳面黄白色，饰有约 20 条纵走的黄褐色带；壳口狭长，外唇内缘具齿列，内唇滑层下方具褶襞；厣小，角质，栗色。

分布于江苏和台湾以南沿海；常栖息于潮下带及浅海细沙或泥沙质海底。

3 双沟鬘螺 *Semicassis bisulcata* (Schubert & J. A. Wagner, 1829)

贝壳近球形，壳长约 55 mm；壳表刻有细螺纹，纵肿肋弱或无；壳面淡黄褐色，体螺层上常具 4~5 条由黄褐色方斑排成的螺带；壳口内淡黄褐色，外唇内缘具齿列，内唇滑层具褶襞；厣小，角质，叶片形，浅黄褐色。

分布于江苏以南沿海；栖息于浅海或较深的沙、泥沙或软泥质海底。

4 甲胄螺 *Casmaria erinaceus* (Linnaeus, 1758)

贝壳卵圆形，壳长约 60 mm；壳质坚厚，壳面白色，体螺层的肩部常具结节突起，饰有数条微弱的淡褐色曲折的纵走螺带；壳口外唇厚，向外翻卷，下端具 4~6 个尖齿，外缘具十余个排列不甚规则的深褐色方斑，前沟缺刻状。

分布于台湾、西沙群岛和南沙群岛；栖息于浅海沙质海底。

❶ 笨甲胄螺 *Casmaria ponderosa* (Gmelin, 1791)

壳形与甲胄螺相近，壳长约 45 mm；本种肩部光滑或具有瘤状突起，壳面白色或淡褐色，缝合线下方和体螺层基部饰有 1 列黄褐色斑块；壳口较窄，外唇肥厚，边缘具 7~8 个小尖齿。

分布于台湾、海南和西沙群岛；栖息于浅海沙质海底。

鹑螺科 Tonnidae Suter, 1913

❷ 葫鹑螺 *Tonna allium* (Dillwyn, 1817)

贝壳近球形，壳长约 80 mm；壳顶褐色，缝合线凹，壳面白色，具较稀疏而突出的淡褐色螺肋，有的个体螺肋上具褐色斑点；外唇边缘增厚，具缺刻，内缘具成对的齿列。

分布于台湾、广东、海南岛等地；栖息于浅海水深 10~50 m 的细沙和泥沙质海底。

❸ 带鹑螺 *Tonna galea* (Linnaeus, 1758)

为本科中体型最大者，贝壳近球形，壳长可超过 310 mm；螺旋部小，缝合线呈沟状；壳面褐色或黄褐色，具较低平的宽螺肋，两肋间具 2~4 条细间肋；壳口内白色，外唇薄，边缘栗色。

分布于浙江、台湾、福建、广东、海南和南沙群岛；栖息于浅海水深 20~160 m 的泥沙及软泥质海底。

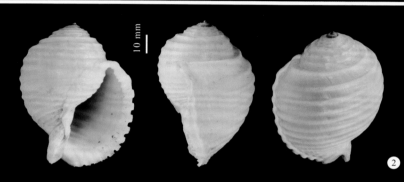

1 沟鹑螺 *Tonna sulcosa* (Born, 1778)

　　贝壳近球形,壳长约 130 mm;壳表具低平的粗螺肋;壳面白色或黄白色,壳顶深紫色,体螺层上具 4 条褐色螺带;壳口大,外唇内缘具成对排列的齿状肋,内唇滑层紧贴壳轴形成假脐。

　　分布于东海和南海;栖息于潮下带水深 10~60 m 的泥沙和沙质海底。

2 中国鹑螺 *Tonna chinensis* (Dillwyn, 1817)

　　贝壳近球形,壳长约 110 mm;壳表具低平的宽螺肋和细间肋;壳面黄白色,饰有褐色螺带和斑点;壳口大,假脐明显,前沟短,背部扭曲。

　　分布于东海和南海;栖息于浅海浅水区的泥沙质海底。

3 斑鹑螺 *Tonna dolium* (Linnaeus, 1758)

　　贝壳近球形,壳质较薄,壳长约 140 mm;壳顶褐色,缝合线呈浅沟状;壳面白色,具排列整齐的螺肋,肋上饰有褐色小方斑;壳口较大,外唇缘具缺刻。

　　分布于台湾和广东以南沿海;栖息于浅海 10~50 mm 的沙质海底。

4 苹果螺 *Malea pomum* (Linnaeus, 1758)

　　贝壳卵圆形,壳质坚厚;壳长约 50 mm;壳面光滑,具宽而钝圆的粗螺肋;贝壳淡褐色或褐色,具不均匀的白色斑及深色花纹;壳口内面橘黄色,外唇宽厚,内缘具发达的齿列,唇轴上具肋状褶襞。

　　分布于台湾和西沙群岛;栖息于浅海至水深约 20 m 的沙质海底或珊瑚礁间。

琵琶螺科 Ficidae Meek, 1864

1 **长琵琶螺** *Ficus gracilis* (G. B. Sowerby I, 1825)

贝壳长 90~120 mm，壳质较薄；螺旋部较低，体螺层大而长，具低平的螺肋，肋间具明显的方格状刻纹；壳面黄褐色，饰有略呈波纹状的纵走褐色花纹；前水管沟较长。

分布于台湾和福建以南沿海；栖息于浅海数十米至百米水深的沙或泥沙质海底。

2 **琵琶螺** *Ficus ficus* (Linnaeus, 1758)

贝壳形似琵琶，壳长约 88 mm；螺旋部低平，体螺层几乎为贝壳的全长；表面具网纹状方格；壳面黄褐色，具黄白色螺带和不规则褐色斑点或斑块；壳口长，内面浅紫色，壳轴略扭曲。

分布于东海和南海；栖息于水深 10~110 m 的细沙及泥沙质海底。

3 **杂色琵琶螺** *Ficus variegata* Röding, 1798

壳长可达 120 mm；螺旋部低平，体螺层膨圆；壳表螺肋细密，壳面淡褐色，密布黄褐色斑点和不规则紫褐色斑纹；壳口大而长，羹匙状，内面紫色，前沟稍宽，较前两种稍短。

分布于台湾和浙江以南沿海；栖息于潮下带水深 1~20 m 的沙质海底。

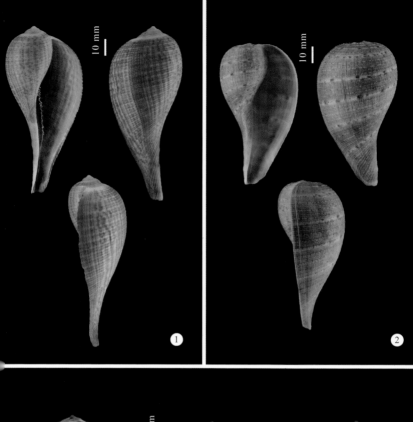

法螺科 Charoniidae A. W. B. Powell, 1933

① **法螺** *Charonia tritonis* (Linnaeus, 1758)

贝壳形似号角，壳长可达 350 mm；壳表具粗细相间的螺肋和结节突起，并具纵肿肋；壳面红褐色，具紫褐色鳞状花斑；壳口内橘红色，外唇内缘具成对的红褐色肋齿，轴唇上具白褐相间的条状褶襞；厣角质，厚，深褐色。

分布于台湾和西沙群岛；栖息于浅海约 10 m 水深的珊瑚礁或岩礁间，喜食长棘海星（专以活体造礁石珊瑚为食），被称为"珊瑚礁卫士"。

② **白法螺** *Charonia lampas* (Linnaeus, 1758)

贝壳与法螺近似，但是本种壳面螺肋不均匀，螺旋部以及体螺层上方具 2 列结节突起；壳口内白色，内唇光滑，上方具 1 个瘤状齿。

分布于东海；栖息于潮下带水深 150~200 m 的海底。

嵌线螺科 Ranellidae Gray, 1854

1 **鳍螺** *Gyrineum perca* (Perry, 1811)

贝壳背腹侧扁，壳长约 65 mm；壳面黄褐色，具小颗粒组成的纵肋；螺层两侧的纵肿肋呈鱼鳍状突起，粗细不均匀的螺肋延伸至鱼鳍突起末端；壳口较小，前水管沟稍延长。

分布于东海和南海；栖息于水深 100~300 m 的沙质或碎珊瑚贝壳质海底。

2 **粒蝌蚪螺** *Gyrineum natator* (Röding, 1798)

壳长约 50 mm；贝壳两侧具纵肿肋，壳表纵横螺肋交叉点形成颗粒突起；壳色黄褐色或紫色，有的具白色环带或斑块，颗粒突起黑褐色；壳口卵圆形，外唇内缘具 6~8 个齿。

分布于台湾和浙江以南沿海；栖息于潮间带及浅海岩礁间。

3 **双节蝌蚪螺** *Gyrineum bituberculare* (Lamarck, 1816)

壳长约 33 mm；背腹较扁平，两侧具发达的纵肿肋；壳面黄白色或黄褐色，具粗细不等的纵横螺肋和颜色加深的结节突起；壳口外唇内缘具细肋状齿列，轴唇下方具褶襞，前水管沟稍向背方弯曲。

分布于东海和南海；栖息于浅海沙、泥质沙或碎贝壳质海底。

4 **金色嵌线螺** *Cymatium hepaticum* (Röding, 1798)

壳长约 37 mm；壳表具金黄色和橘红色串珠状螺肋，螺沟多黑褐色；纵肿肋上具白色斑纹；壳口内白色，外唇内缘橘红色，具白色粒状齿列，轴唇具白色肋状齿。

分布于台湾、海南岛、西沙群岛和南沙群岛；栖息于潮间带及浅海岩礁间。

1 **小白嵌线螺** *Cymatium mundum* (Gould, 1849)

贝壳纺锤形,壳长约 40 mm;壳面具纵肿肋,明显的螺肋和较弱的纵肋相交形成结节突起;贝壳灰白色,外被黄褐色壳皮和壳毛;壳口卵圆形,外唇内缘具发达齿列,前水管沟稍长。

分布于中国台湾和南海;栖息于潮间带和浅海岩礁间。

2 **红口嵌线螺** *Cymatium muricinum* (Röding, 1798)

壳长约 50 mm;壳面粗糙不平,螺肋粗细不均,与纵肋和不规则的纵肿肋相交形成大小不等的结节突起;壳面多灰白色,具黄褐色螺带;壳口内橘红色,内外唇扩张,光滑,外唇内缘具发达的齿列,前水管沟稍长,微向背方翘起。

分布于台湾、海南和西沙群岛;常栖息于潮间带至浅海数十米水深的岩礁海底。

3 **金口嵌线螺** *Cymatium nicobaricum* (Röding, 1798)

贝壳近纺锤形,壳长约 70 mm;壳面粗糙不平,雕刻有发达的纵肋、纵肿肋、螺肋和细间肋;壳面灰白色,杂有褐色小斑点;壳口内金橘色,外唇内缘具白色肋状齿齿,轴唇上具白色肋状褶襞。

分布于台湾、西沙群岛和南沙群岛;栖息于潮间带或稍深的岩石及珊瑚礁间。

4 **梨形嵌线螺** *Cymatium pyrum* (Linnaeus, 1758)

贝壳稍扭曲,壳长约 110 mm;壳面棕褐色,刻有纵横螺肋和角状突起,纵肿肋发达;壳口内橘黄色,外唇内缘具 2 列白色齿,轴唇上有白色的褶襞,前水管沟半管状,扭曲。

分布于台湾、广东和海南;栖息于低潮区至浅海沙质底或岩礁间。

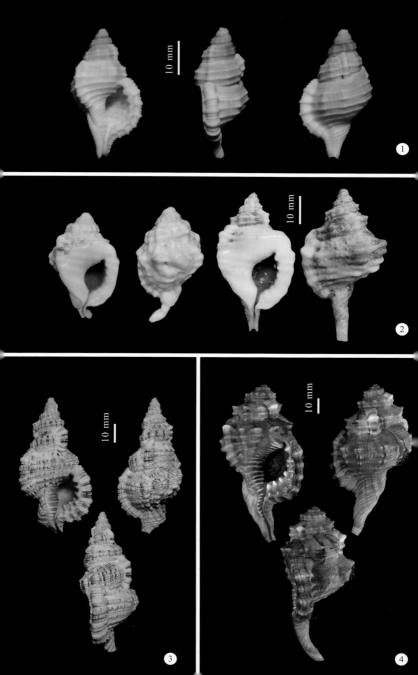

① **深缝嵌线螺** *Cymatium pfeifferianus* (Reeve, 1844)

壳长约 50 mm；贝壳较瘦长，缝合线沟状，在各螺层不同部位出现纵肿肋；壳面淡黄色，具黄褐色螺带和方格状雕刻，外被发达的壳毛；壳口卵圆形，外唇内缘具肋状齿列，前水管沟延长。

分布于台湾和南海；栖息于浅海沙和泥沙质的海底。

② **尾嵌线螺** *Cymatium caudatum* (Gmelin, 1791)

贝壳似鼓锤，壳长约 75 mm；缝合线深沟状；壳面刻有成对排列的螺肋纵肋弱，在体螺层腹面左侧具 1 条强壮的纵肿肋；壳色黄白色，外被有茸毛状壳皮，壳口内白色。

分布于台湾和南海；栖息于潮下带泥沙质及软泥质海底。

③ **圆肋嵌线螺** *Cymatium cutaceum* (Lamarck, 1816)

贝壳近梨形，壳长 55~85 mm；壳面粗细螺肋相间排列；螺层中部和体螺层上方具肩角，肩角上生有结节突起；壳面黄褐色，常具白色斑纹或褐色螺带，外被黄褐色壳皮和壳毛；前沟微向背方弯曲。

分布于台湾和福建以南沿海；栖息于潮下带浅海泥沙或软泥质海底。

❶ 毛嵌线螺 *Cymatium pileare* (Linnaeus, 1758)

贝壳纺锤形,壳长可达 100 mm;壳面刻有纵横螺肋,背部具较大的结节突起,纵肿肋发达;壳面黄褐色,外被棕色的壳皮和发达的壳毛;壳口橘红色,外唇内面具成对排列的白齿,轴唇具白色肋状褶襞。

分布于台湾和南海;栖息于潮间带及浅海岩礁间。

❷ 中华嵌线螺 *Cymatium sinense* (Reeve, 1844)

壳长约 78 mm;壳面具成对排列的螺肋,与纵肋相交形成结节,螺旋部腹面左侧的纵肿肋发达;壳色黄白,外被黄褐色的壳皮和壳毛;壳口长卵圆形,外唇内缘具发达的齿列,轴唇褶襞成列,前水管沟长,稍弯曲。

分布于台湾和南海;栖息于浅海泥沙质海底。

❸ 灯笼嵌线螺 *Cymatium succinctum* (Linnaeus, 1771)

壳长约 55 mm;螺层膨圆,贝壳表面具排列整齐的褐色螺肋,肋间沟颜色浅,较螺肋宽;壳口橄榄形,外唇内面白色,内缘具褐色齿列,轴唇后方生有 1 个发达的齿,前水管沟稍长。

分布于东海和南海;栖息于潮间带和浅海泥沙或岩礁质海底。

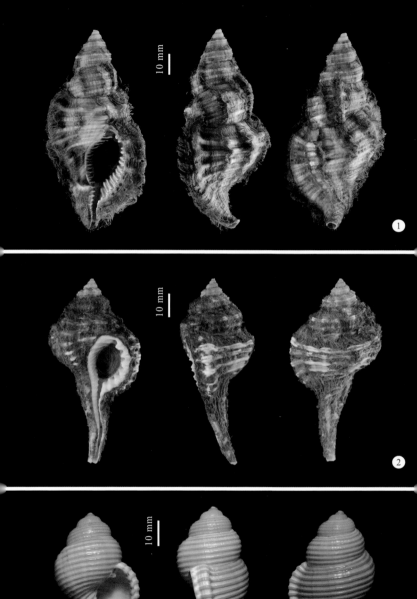

扭螺科 Personidae Gray, 1854

① 扭螺 Distorsio anus (Linnaeus, 1758)

　　壳长约 70 mm；各螺层扭曲，腹面压平，背面膨凸如驼背；壳面灰白色，饰有宽度不同的紫褐色螺带；具颗粒状突起；壳口收缩，外唇边缘具花瓣状突起，内缘有强壮的齿，内唇扩张甚大，呈片状，前沟短。

　　分布于台湾、海南、西沙群岛和南沙群岛；栖息于低潮线附近至浅海沙质海底或珊瑚礁间。

② 网纹扭螺 Distorsio reticularis (Linnaeus, 1758)

　　贝壳两端尖，略呈菱形，壳长 26~80 mm；各螺层扭曲，腹面压平，背面膨胀如驼背；壳面黄褐色，具网纹状雕刻，外被壳皮和壳毛；壳口收缩，周缘具突起和齿列，内、外唇扩张呈片状，前沟稍长，向背方弯曲。

　　分布于福建以南沿海；栖息于浅海泥沙及软泥质海底。

蛙螺科 Bursidae Thiele, 1925

③ 粒蛙螺 Bursa granularis (Röding, 1798)

　　贝壳背腹稍扁，壳长约 65 mm；螺旋部较高，壳黄褐色或黄白色，壳面具由颗粒突起组成的螺肋；两侧纵肿肋较发达；壳口卵圆形，内面白色，外唇内缘具齿列，轴唇具褶襞，前、后水管沟短。

　　分布于台湾和南海；栖息于潮间带中、低潮区的岩礁间。

④ 黑口蛙螺 Bursa lamarckii (Deshayes, 1853)

　　壳长约 60 mm；壳面雕刻粗糙，具结节突起，两侧纵肿肋上具遗留的半管状后水管沟；壳面黄褐色，染有不规则的黑褐色斑块和斑点；壳口周缘呈黑褐色，具淡褐色的齿列和褶襞。

　　分布于东海和南沙群岛；栖息于潮间带和浅海岩礁间。

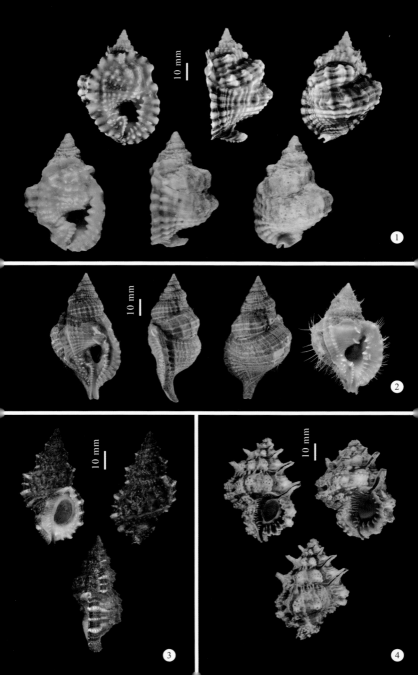

❶ 血斑蛙螺 *Bursa cruentata* (G. B. Sowerby II, 1835)

壳长约 35 mm；壳面黄褐色或白色；具念珠状螺肋和发达的结节突起，结节突起和纵肿肋上常具褐色斑块或斑点；壳口内白色，内唇褶襞间具血红色斑点。

分布于台湾、海南和西沙群岛；栖息于潮间带至浅海岩礁及珊瑚礁间。

❷ 紫口蛙螺 *Bursa rhodostoma* (G. B. Sowerby II, 1835)

贝壳较小，壳长 15~35 mm；两侧具纵肿肋，壳表具小颗粒和结节突起组成的粗细不均的螺肋；壳面灰白色，具褐色斑点；壳口近圆形，周缘橘色，外唇内缘具成对排列的齿，前、后沟较短。

分布于东海和南海；栖息于潮间带至浅海岩礁质海底。

❸ 习见赤蛙螺 *Bufonaria rana* (Linnaeus, 1758)

贝壳菱形，壳长约 75 mm；表面具小颗粒状突起排成的螺肋，并具结节突起和短棘，贝壳两侧具发达的纵肿肋；壳面淡黄色，杂有不均匀褐色斑点和斑纹；壳口内白色，外唇内缘具白色齿列。

分布于台湾和浙江以南至南沙群岛；栖息于潮下带浅海软泥或泥沙质海底。

❹ 棘赤蛙螺 *Bufonaria margaritula* (Deshayes, 1833)

壳形与习见赤蛙螺相近，壳长约 90 mm；壳面短棘凸起略长，螺旋部基部较瘦；外唇背缘具断续的橘色条带，前沟稍长。

分布于东海和南海；栖息于潮间带至浅海。

❶ 土发螺 *Tutufa bubo* (Linnaeus, 1758)

壳长可达 300 mm；壳面粗糙，布有大小不等的结节突起，螺层肩部的结节突起较大，纵肿肋排列不规则；贝壳黄褐色，密布深褐色斑点或斑块；壳口大，外唇边缘具齿状缺刻，后沟内侧具 2 个强肋。

分布于台湾、海南、西沙群岛和南沙群岛；栖息于低潮区至浅海岩礁或珊瑚礁间。

❷ 红口土发螺 *Tutufa rubeta* (Linnaeus, 1758)

壳长 90~110 mm；壳面褐色或红褐色，粗糙不平，具念珠状螺肋和大小不等的结节突起；壳口橘红色，内外唇扩张，周缘具较强的肋齿和褶襞。

分布于台湾、海南和西沙群岛；栖息于低潮线附近的岩礁和珊瑚礁间。

❸ 中国土发螺 *Tutufa oyamai* Habe, 1973

壳长 60~110 mm；壳面黄褐色或灰白色，布满小颗粒状突起，螺层肩部具角状突起；壳口大，内面白色，内外唇扩张，周缘具齿列和褶襞。

分布于东海和南海；栖息于浅海岩礁间或泥沙、碎贝壳质海底。

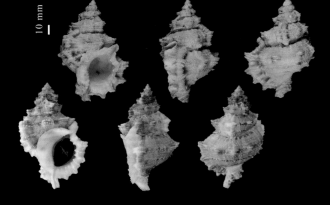

海蜗牛科 Janthinidae Lamarck, 1822

❶ 海蜗牛 *Janthina janthina* (Linnaeus, 1758)

贝壳矮圆锥形，壳长约 26 mm；壳质薄脆，螺旋部低，体螺层膨大，肩部棱角状，基部略平，刻有细弱的螺纹；壳面紫色，生长纹明显；壳口近圆三角形，轴唇稍扭曲。

分布于台湾和南海；常成群在海洋表面营浮游生活。

梯螺科 Epitoniidae Berry, 1910

❷ 梯螺 *Epitonium scalare* (Linnaeus, 1758)

贝壳圆锥形，壳长约 40 mm；缝合线深，壳面膨圆，具发达的片状纵肋，各螺层的纵肋相对接，排列规则；贝壳肉色，纵肋白色；壳口近圆形，边缘厚；脐孔大而深；厣角质，圆形，黑褐色。

分布于台湾和广东以南沿海；栖息于数十米水深的沙泥质海底。

❸ 迷乱环肋螺 *Gyroscala commutata* (Monterosato, 1877)

贝壳锥形，壳长约 21 mm；缝合线深；壳面白色，缝合线下方具 1 条红褐色螺带，壳表具片状纵肋，各螺层的纵肋相对接；壳口近圆形，内外唇边接成环状；无脐孔。

分布于台湾、东海和南海；栖息于潮间带至浅海沙质海底。

❹ 布目阿玛螺 *Amaea sericogazea* (Masahito, Kuroda & Habe, 1971)

贝壳长锥形，壳长约 36 mm；螺旋部高起，缝合线凹；壳面黄褐色，排列整齐的精细纵、横螺肋相交形成格纹，交点小颗粒状；壳口近圆形。

分布于台湾和南沙群岛；栖息于潮下带浅海。

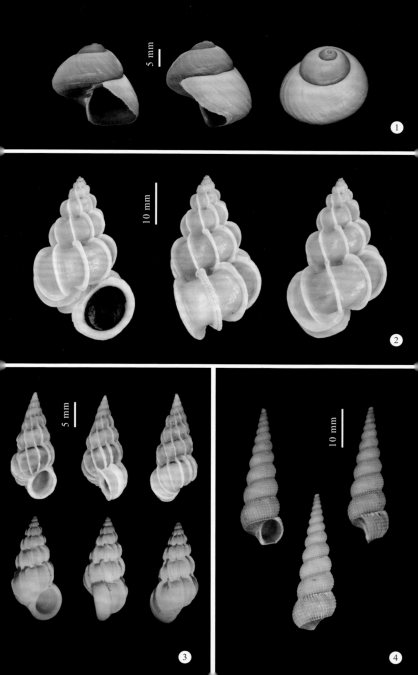

光螺科 Eulimidae Philippi, 1853

1 脐孔宽带奋斗螺 *Niso regia* Kuroda & Habe, 1950

贝壳圆锥形，壳长约 30 mm；体螺层高起，螺层增长规律；体螺层中部具 1 个钝圆的肩角；壳面光滑有光泽，可见细密生长纹；螺层中部和基部具 1 条宽咖啡色螺带；壳口近菱形，外唇较薄；脐孔大而深。

分布于东海；栖息于水深 100~200 m 的泥沙质海底。

轮螺科 Architectonicidae Gray, 1850

2 大轮螺 *Architectonica maxima* (Philippi, 1849)

贝壳低圆锥形，壳宽 40~70 mm；壳面黄褐色，具宽度不等的念珠状螺肋，肋上具白褐相间的斑点；螺层中部具 2 条由小方块组成的浅色螺肋，下方螺肋较宽，方块雕刻在近壳口处不明显；基部平，脐孔宽大而深，直达壳顶。

分布于台湾、广东和海南；栖息于潮下带浅海泥或泥沙质海底。

3 夸氏轮螺 *Architectonica gualtierii* Bieler, 1993

壳形与大轮螺近似，壳宽约 55 mm；但是本种螺层中部仅具 1 条由小方块组成的浅色带状螺肋，方块雕刻在近壳口处也不明显。

分布于台湾和海南；栖息于浅海沙质海底。

4 配景轮螺 *Architectonica perspectiva* (Linnaeus, 1758)

贝壳低圆锥形，壳宽 30~40 mm；每螺层上下缘各具 1 条方格状螺肋，上缘螺肋的下方具 1 条褐色螺带，下缘螺肋上方具连续的红褐色斑点；基部平，周缘具淡褐色斑点，其内方具 1 条红褐色斑点的粗螺肋；脐孔大而深，边缘具缺刻。

分布于台湾和广东以南沿海；栖息于低潮线至百余米水深的泥沙质海底。

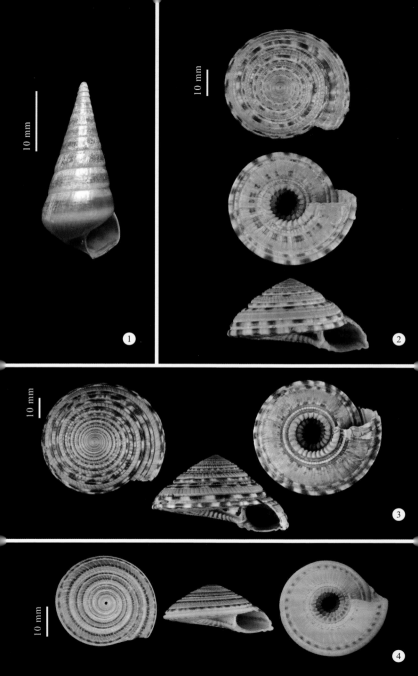

① **滑车轮螺** *Architectonica trochlearis* (Hinds, 1844)

壳宽约 60 mm；贝壳螺旋部稍高，壳面淡褐色，缝合线上方具 1 条白褐相间的串珠状螺肋，下方具 2 条深褐色斑块组成的螺带，两螺带中间间隔 1 条白色螺沟；基部平，周缘具白褐相间斑点，脐孔大而深。

分布于台湾、广东和海南；栖息于浅海泥或泥沙质海底。

② **杂色太阳螺** *Heliacus variegatus* (Gmelin, 1791)

贝壳较小，壳宽约 15 mm；壳顶褐色，壳面刻有排列密集的念珠状螺肋，缝合线下方的 1 条呈黄白色，其余螺肋红褐色与白色相间；螺层基部具念珠状螺肋；壳口近圆形；脐孔深，白色。

分布于台湾和南海；栖息于浅海砂砾质海底。

骨螺科 Muricidae Rafisnesque, 1815

③ **红螺** *Rapana bezoar* (Linnaeus, 1767)

壳质坚厚，壳长约 80 mm；壳面黄褐色，刻有稍凸出的细螺肋，并突起一些皱褶状鳞片，肩角上鳞片较发达；壳口大，内淡黄色或白色，具螺纹；绷带发达，假脐宽大。

分布于浙江以南沿海；栖息于浅海沙泥质海底。

④ **梨红螺** *Rapana rapiformis* (Born, 1778)

贝壳近梨形，壳质稍薄，壳长约 85 mm；缝合线深沟状；壳面黄褐色，刻有细密的螺肋；体螺层膨大，基部收缩，肩部具半管状短棘；壳口广大，周缘橘色，内白色；绷带发达，具假宽大的脐。

分布于台湾、广东、海南和西沙群岛；栖息于潮间带的岩礁或珊瑚礁间。

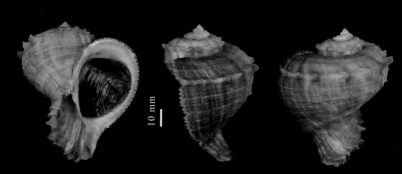

① **脉红螺** *Rapana venosa* (Valenciennes, 1846)

　　壳长约 100 mm；螺旋部小，体螺层膨大；壳面具螺肋，肩角上具角状突起；贝壳黄褐色，具棕色或紫棕色斑点和花纹；壳口内杏色，具假脐。

　　分布于渤海、黄海、东海；栖息于潮间带至浅海岩石或泥沙质海底。

② **骨螺** *Murex pecten* Lightfoot, 1786

　　壳形奇特，壳长约 110 mm；壳面黄白色，具明显的细螺肋，每螺层纵肿肋间隔约 120°，纵肿肋上密生许多长短不等的棘刺，成列延伸至前水管沟中下部且逐渐变短；壳口卵圆形。

　　分布于东海和南海；栖息于浅海水深数十米的泥沙质海底。

③ **浅缝骨螺** *Murex trapa* Röding, 1798

　　壳长约 100 mm；螺层肩角明显，壳表螺肋与较发达的纵肋交织，3 条纵肿肋上具强壮的短棘；壳面黄褐色或灰黄色；壳口卵圆形；外唇内缘形成缺刻，前沟细长，呈管状。

　　分布于浙江以南至南沙群岛；栖息于浅海 40~50 m 浅海软泥或沙质泥海底。

1 **泵骨螺** *Haustellum haustellum* (Linnaeus, 1758)

贝壳近鼓槌形,壳长约 120 mm;壳表细螺肋分别与纵肋、纵肿肋相交织,形成结节和角状突起;壳面黄白色,具褐色螺线和条状斑纹;壳口圆,周缘橘色,前沟长,管状,略直。

分布于台湾和南沙群岛;栖息于浅海沙质海底。

2 **亚洲棘螺** *Chicoreus asianus* Kuroda, 1942

壳长约 90 mm;壳面淡黄色或黄褐色,常具褐色斑纹;3 条纵肿肋上具长短不等且分歧的棘刺,位于体螺层肩者最长;螺层上具 2 列结节突起;壳口近圆形,沿外唇缘至前沟具发达的棘。

分布于台湾和浙江以南沿海;栖息于低潮线附近至浅海岩礁间。

3 **棘螺** *Chicoreus ramosus* (Linnaeus, 1758)

贝壳与亚洲棘螺相近,但本种较大,壳长可超过 160 mm;螺旋部低矮,体螺层膨大,纵肿肋之间的壳面褐色斑纹面积较大。

分布于台湾和南海;栖息于浅海 20~30 m 的泥沙质海底。

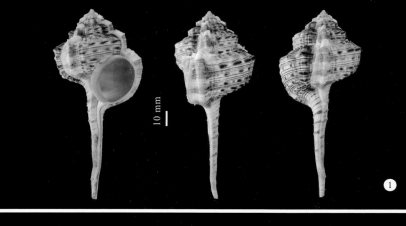

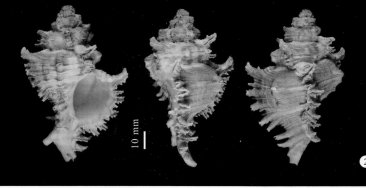

① **褐棘螺** *Chicoreus brunneus* (Link, 1807)

壳长约 65 mm；壳面密布粗细相间的螺肋；纵肿肋上具排列紧密、短而分歧的棘，在纵肿肋之间的螺层上具 1 个发达的瘤状突起；壳面黑褐色，有的橘红色；壳口小，唇缘通常呈红色或橘黄色，前沟稍长，近封闭管状。

分布于台湾和广东以南沿海；栖息于浅海泥沙质或岩礁海底。

② **内饰刍秣螺** *Ocenebra inornata* (Récluz, 1851)

壳长 19~40 mm；螺旋部阶梯状；壳面灰黄色或黄褐色，具细螺肋；体螺层上通常具 5~6 条片状纵肋，常饰有褐色螺带；壳口外唇宽厚，内缘具颗粒状小齿。

分布于辽宁至山东以北沿岸；栖息于低潮区至浅海水深约 20 m 的岩石间。

③ **褶链棘螺** *Siratus pliciferoides* (Kuroda, 1942)

壳长约 135 mm；螺旋部较高；壳面黄白色；体螺层上常具浅褐色螺带，并具细螺纹和稀疏的纵肋，3 条纵肿肋上生有短棘，肩角上的棘较强大；壳口大，内面白色，前沟较长，向背方弯曲，具一半管状分枝。

分布于台湾海峡和东海；栖息于潮下带水深 30~200 m 的细沙质海底。

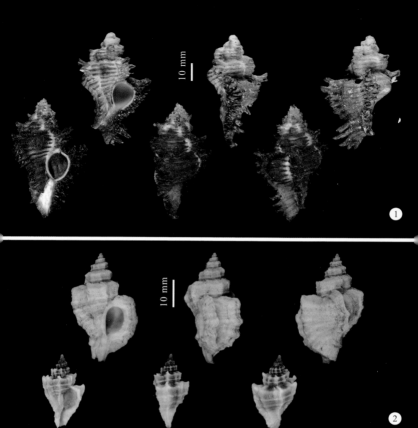

① **翼螺** *Pterynotus alatus* (Röding, 1798)

贝壳较修长，呈稍扭曲的三棱形，螺旋部较高，壳长约 66 mm；壳面洁白色，密布细螺肋，具 3 条翼状的纵肿肋，在纵肿肋之间的螺层上具 1 个明显的瘤状突起；壳口小，卵圆形，前沟稍长且弯曲，具一半管状分枝。

分布于台湾和南海；栖息于浅海沙泥海底。

② **小型芭蕉螺** *Pterynotus bipinnatus* (Reeve, 1845)

贝壳较细长，壳长约 38 mm；壳面白色，具明显的纵肋和粗糙的细螺肋，螺肋上生有小鳞片；体螺层上具 3 列翼状纵肿肋；壳口内和前水管沟内呈淡紫色，外唇内缘和轴唇上具小颗粒状齿列。

分布于台湾和南海；栖息于潮下带浅海岩礁质海底。

③ **大型翼螺** *Pterynotus elongatus* (Lightfoot, 1786)

贝壳与小型芭蕉螺相近，但是本种稍长，壳长约 95 mm；壳面淡橘黄色，具较强的纵肋和细螺肋；壳口内和前水管沟内呈橘色，外唇缘具不规则齿列，前沟末端稍向背方弯曲。

分布于台湾和南海；栖息于潮下带浅海水深约 50 m 的海底。

④ **多角荔枝螺** *Thais virgata* (Dillwyn, 1817)

壳长约 40 mm；螺旋部低；壳顶常被腐蚀；体螺层上具 4~5 列发达的角状突起；壳面黑褐色，在角状突起之间具纵走的白色条纹；壳口黑褐色，外唇内缘具小颗粒状突起，外缘具角状突起和缺刻。

分布于台湾、海南、西沙群岛和南沙群岛；栖息于潮间带至浅海的岩石或珊瑚礁间。

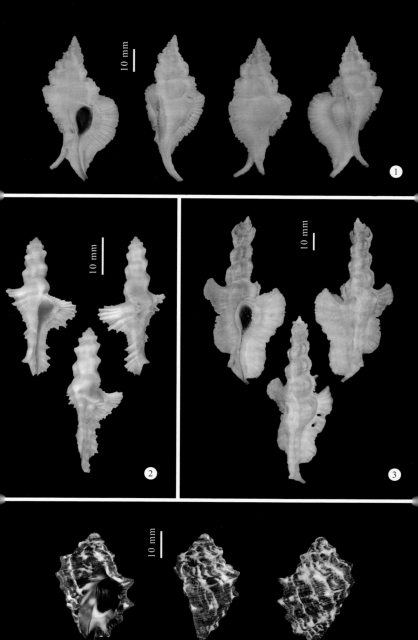

1 蟾蜍紫螺 *Purpura bufo* Lamarck, 1822

贝壳半球形；壳长约 60 mm；体螺层宽大；壳表雕刻有均匀的螺肋；体螺层具 4 列结节突起，以上方 2 列者较发达；壳面紫褐色，具黄白色斑块；壳口广大，内面淡橘黄色，外唇边缘具缺刻，内唇上方胼胝厚。

分布于台湾、广东和海南；栖息于潮间带至浅海岩礁间。

2 疣荔枝螺 *Thais clavigera* (Küster, 1860)

贝壳卵圆形，壳长约 30 mm；壳面灰褐色；螺旋部每螺层具 1 列、体螺层具 4~5 列低平的黑褐色疣状突起，其余壳面刻有细螺肋；壳口外唇缘黑褐色。

分布于我国南北沿海；栖息于潮间带中、低潮区的岩礁间或石砾下。

3 刺荔枝螺 *Thais echinata* (Blainville, 1832)

贝壳长卵圆形，壳长约 45 mm；螺旋部每螺层具 1~2 列、体螺层具 4 列环行的角刺状突起；壳面土黄色或白色，密集的细螺肋上具覆瓦状小鳞片突起；壳口卵圆形，内白色，前沟短而深；厣角质，深褐色。

分布于台湾、广西和海南等地；栖息于潮间带中、低潮区的岩礁间或珊瑚礁间。

4 蛎敌荔枝螺 *Thais gradata* (Jonas, 1846)

贝壳菱形，壳长约 28 mm；各螺层中部和体螺层上部微凹陷呈弧形面，体螺层中部形成 1 个肩角；壳面黄褐色，布有粗细不均匀螺肋和紫褐色斑纹；壳口卵圆形，内具褐色斑纹。

分布于台湾和福建以南沿海；栖息于潮间带中、低潮区岩石间。

❶ 角瘤荔枝螺 *Thais tuberosa* (Röding, 1798)

贝壳近拳头形,壳长约 54 mm;壳表刻有细螺纹,在次体螺层上具 1 列、体螺层上具 3 列角状突起;壳面黄白色,角突之间具黑褐色螺带;外唇边缘随表面雕刻和壳色而形成缺刻和色斑;厣角质,深褐色。

分布于台湾、海南和西沙群岛;栖息于潮间带低潮区至浅海的岩石及珊瑚礁间。

❷ 爪哇荔枝螺 *Thais javanica* (Philippi, 1848)

贝壳近纺锤形,壳长约 30 mm;各螺层中部扩张形成肩部,其上具角突;壳表刻有细螺肋,体螺层的上部具 2 条发达的螺肋;壳面黄褐色,具褐色斑块或条纹;壳口梨形,外唇边缘具细小缺刻,前沟短,绷带发达;厣角质,黄褐色。

分布于福建以南沿海;栖息于潮间带中、低潮区岩石海岸。

❸ 可变荔枝螺 *Thais lacera* (Born, 1778)

贝壳纺锤形,壳长约 55 mm;各螺层中部凸出形成肩角,其上生有 1 列角状突起;体螺层和次体螺层之间的缝合线呈深沟状;壳面黄褐色,刻有粗细相间的螺肋;绷带较发达,假脐明显。

分布于台湾和浙江以南沿海;栖息于潮间带中、低潮线附近的岩礁间。

❹ 黄口荔枝螺 *Thais luteostoma* (Holten, 1803)

贝壳纺锤形,壳长约 45 mm;通常在螺旋部每螺层具 2 列、体螺层上具 4 列突起;壳面土黄色,具紫褐色条斑;壳口黄色,外唇内具粒状齿;厣角质,两端颜色淡。

分布于我国沿岸;栖息于潮间带中、低潮区的岩石缝隙间。

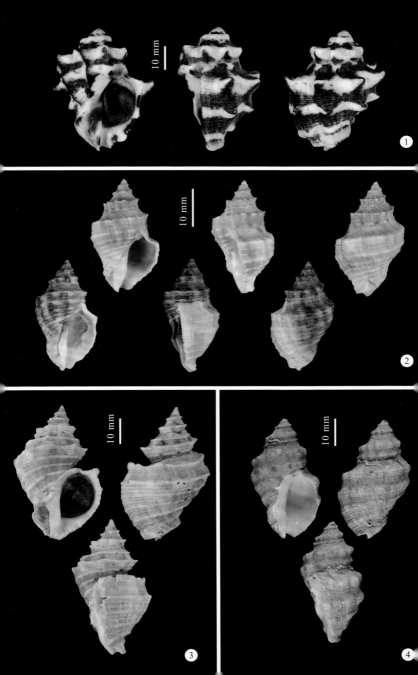

❶ 瘤荔枝螺 Thais serta (Dunker, 1860)

外形与黄口荔枝螺近似，壳长约 55 mm；但是本种壳表具较大的瘤状突起，壳面淡黄色或带黑灰色。

分布于东海和南海，以东海最常见；生活习性近似于黄口荔枝螺。

❷ 武装荔枝螺 Thais armigera (Link, 1807)

壳长约 65 mm；壳顶数层常被腐蚀或覆盖 1 层厚石灰质，缝合线不明显；次体螺层具 1 列角状突起，体螺层上具 4 列，以上方第一列者最发达；壳面土黄色，突起间具黄褐色螺带；壳口内肉色，外唇内具细螺纹和齿状突起。

分布于台湾、海南岛和南沙群岛；栖息于低潮线附近的珊瑚礁间和岩礁上。

❸ 红豆荔枝螺 Thais mancinella (Linnaeus, 1758)

贝壳近卵球形，壳长约 42 mm；壳面黄白色，螺旋部每螺层上具 1~2 列、体螺层上具 4~5 列紫红色疱状突起；壳口卵圆形，橘黄色，外唇内刻有精致的红色细螺纹。

分布于台湾和广东以南沿海；栖息于潮间带中、低潮线附近的岩礁间。

❹ 白斑紫螺 Purpura panama (Röding, 1798)

贝壳长卵球形，壳长可达 85 mm；体螺层大，表面具 5~6 条粗螺肋，肋上具结节突起；壳面黑褐色，刻有黄白色细螺纹，结节突起间具黄白色斑块；壳口较大，内面白色。

分布于台湾和海南岛；栖息于低潮线附近的岩礁间。

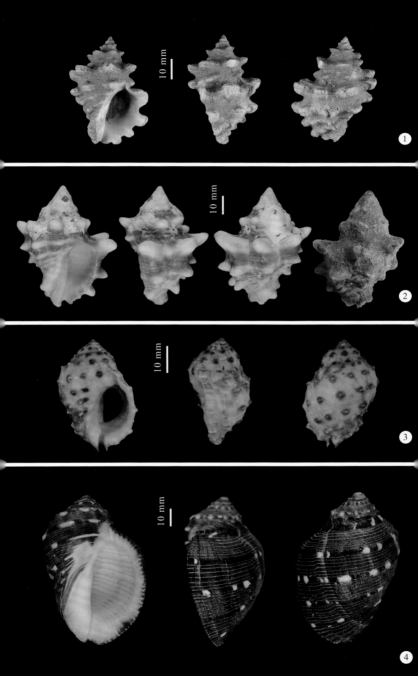

❶ **鹧鸪蓝螺** *Nassa serta* (Bruguière, 1789)

贝壳近橄榄形,壳长约 60 mm;壳面具粗细相间的螺肋,与纵走螺纹相交形成许多小颗粒突起;贝壳褐色或黄褐色,具白色云状斑块;壳口长卵圆形,上部两侧各具 1 个肋状齿,外唇边缘白褐相间。

分布于台湾、海南岛、西沙群岛和南沙群岛;栖息于低潮线附近的岩礁和珊瑚礁间。

❷ **粒结螺** *Morula granulata* (Duclos, 1832)

贝壳卵圆形,壳长约 21 mm;壳面具排列成行较发达的黑褐色结节,间隙呈白色;壳口狭窄,外唇内缘具 4 枚齿,轴唇上具褶襞。

分布于台湾和海南以南各岛屿;栖息于低潮线附近的岩礁和珊瑚礁质海底。

❸ **镶珠结螺** *Morula musiva* (Kiener, 1835)

贝壳略纺锤形,壳长约 25 mm;壳面淡黄褐色,刻有细螺肋,具排列较规则黑褐色相间的圆珠状结节;壳口小,外唇内缘具小齿。

分布于台湾和福建以南沿海;栖息于潮间带岩礁和珊瑚礁间。

❹ **白瘤结螺** *Morula anaxares* (Kiener, 1836)

贝壳略呈纺锤形,壳长约 15 mm;壳面黑褐色,具较发达的白色结节,体螺层肩部明显,肩角上结节最大;壳口狭窄,内面黑褐色,外唇内具小齿,轴唇中部颜色浅。

分布于台湾和海南以南各岛屿;栖息于低潮线附近的岩礁及珊瑚礁质海底。

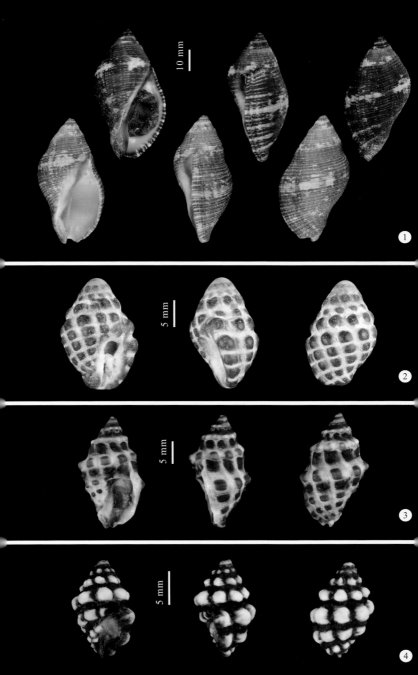

① **棘优美结螺** *Morula spinosa* (H. Adams & A. Adams, 1853)

贝壳纺锤形，壳长约 20 mm；体螺层肩部明显；壳面具棘突和密集的细螺肋，肋上具覆瓦状小鳞片；壳面黄褐色，棘突色深；壳口窄，内紫色，外唇边缘具缺刻。

分布于台湾、西沙群岛和南沙群岛；栖息于浅海岩礁或珊瑚礁间。

② **核果螺** *Drupa morum* Röding, 1798

贝壳厚重，略半球形，壳长约 40 mm；螺旋部低，体螺层具 4~5 列粗壮的角状突起；壳面灰白色，多数角突黑褐色；壳口狭窄，紫色，外唇内缘具发达的小齿，轴唇下方具褶襞。

分布于台湾、海南、西沙群岛和南沙群岛；栖息于低潮线附近至浅海岩礁间。

③ **黄斑核果螺** *Drupa ricinus* (Linnaeus, 1758)

贝壳卵圆形，壳长约 27 mm；螺旋部小，壳面具棘刺状突起，外唇边缘上的棘较长；壳面黄白色，突起紫褐色；壳口狭窄，内外唇上具黄色斑块，内缘具小齿。

分布于台湾和海南各岛屿；栖息于低潮区及浅海的岩礁间。

④ **球核果螺** *Drupa rubusidaeus* Röding, 1798

贝壳近球形，壳长约 45 mm；螺旋部小，体螺层膨大；壳面黄褐色，粗糙，具发达的半管状棘刺；壳口卵圆形，周缘紫红色，外唇内缘具 1 列肋状齿，轴唇下方具褶襞；厣角质。

分布于台湾、海南和西沙群岛；栖息于浅海珊瑚礁间或石块下。

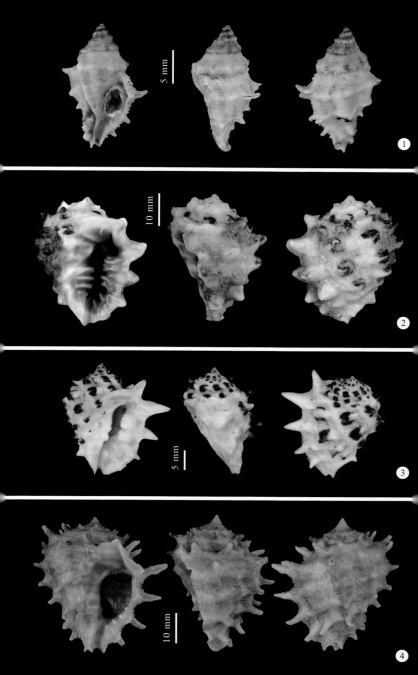

❶ 珠母小核果螺 *Drupella margariticola* (Broderip, 1833)

贝壳近纺锤形，壳长约 30 mm；表面粗糙，纵肋明显，螺肋细密，肋上生有覆瓦状小鳞片；贝壳颜色或花纹有变化，呈黑褐色、黄褐色或灰白色，有的具白色或褐色螺带；壳口内淡紫或灰白色。

分布于台湾和福建东山以南沿海；栖息于中潮区下方的岩礁间，常与牡蛎等混生。

❷ 环珠小核果螺 *Drupella rugosa* (Born, 1778)

贝壳纺锤形，壳长约 30 mm；螺旋部每螺层上具 2 条、体螺层上具 4~5 条念珠状结节；壳面颜色有变化，呈白色、红褐色或深褐色等；壳口卵圆形，内面橘色，外唇内具小齿列。

分布于台湾及海南以南各岛屿；栖息于低潮线附近至浅海的珊瑚礁质海底。

❸ 爱尔螺 *Ergalatax contractus* (Reeve, 1846)

贝壳长卵圆形，壳长约 15 mm；壳面黄褐色，饰有褐色螺带和螺线；纵肋较发达，与细螺肋相交使壳面粗糙；壳口卵圆形，外唇内具齿列；厣卵圆形，黄褐色。

分布于台湾和福建以南沿海；栖息于潮间带至水深约 30 m 的砂砾或岩礁质海底。

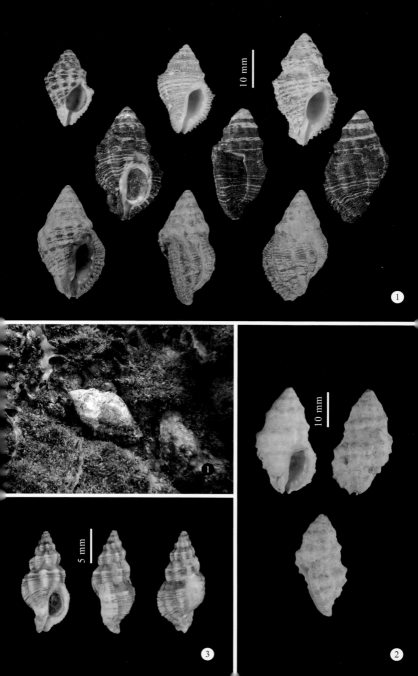

1 纹狸螺 *Lataxiena fimbriata* (Hinds, 1844)

贝壳近纺锤形，壳长约 35 mm；壳面粗糙，黄褐色，可见褐色螺带；粗细螺肋相间排列，与纵肋相交呈角突或结节突起；生长纹在纵肋上呈片状；壳口卵圆形，前沟稍长。

分布于台湾和福建以南沿海；栖息于潮下带浅海。

2 肩棘螺 *Latiaxis mawae* (Gray, 1833)

贝壳螺旋梯形，壳长约 55 mm；螺旋部低平，近平面；壳面黄白色，刻有细螺纹，中上部扩张呈发达的肩部，肩角上生有三角形扁棘；脐孔大。

分布于台湾、海南和南沙群岛；栖息于浅海 100~200 m 的沙质或泥沙质海底。

3 宝塔肩棘螺 *Babelomurex spinosus* (Hirase, 1908)

壳长约 30 mm；壳面黄褐色或白色，具橘色斑块；肩角上生有 1 列发达的长棘，向上伸展或卷曲，体螺层肩部下方具由短棘和鳞片组成的螺肋；壳口近圆形，假脐小。

分布于台湾和南沙群岛；栖息于浅海 50~200 m 水深的沙质海底。

4 球形珊瑚螺 *Coralliophila bulbiformis* (Conrad, 1837)

壳长约 30 mm；螺旋部较低，体螺层宽大；壳面黄褐色，雕刻有覆瓦状鳞片组成的螺肋和低平的纵肋；体螺层肩部明显；壳口卵圆形，内紫色，外唇边缘具小棘刺，内唇平滑，前沟短管状，微曲向背方；厣角质，红褐色。

分布于台湾、海南和西沙群岛；栖息于低潮线附近至潮下带数米深的珊瑚礁间。

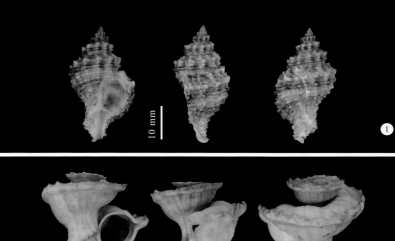

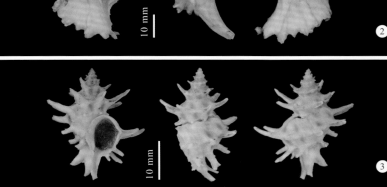

1 紫栖珊瑚螺 *Coralliophila violacea* (Kiener, 1836)

贝壳近球形，壳长约 25 mm；壳面灰白色，雕刻有精细的螺肋，生活时表面覆盖一层石灰质而使壳面粗糙；壳口内紫色，前沟短。

分布于台湾、海南、西沙群岛和南沙群岛；栖息于低潮线附近珊瑚礁海底。

2 畸形珊瑚螺 *Coralliophila erosa* (Röding, 1798)

壳长 26~40 mm；缝合线上方和体螺层中部壳面扩张形成肩角，其上具结节突起；壳面黄白色，雕刻有密集的粗细不均匀的螺旋肋，肋上生有覆瓦状鳞片；纵肋弱；壳口大，内白色。

分布于台湾、海南、西沙群岛和南沙群岛；栖息于低潮线附近至数米深的珊瑚礁间。

3 唇珊瑚螺 *Coralliophila monodonta* (Blainville, 1832)

贝壳半卵圆形，壳长约 27 mm；螺旋部低小，体螺层几乎为贝壳之全长；壳面灰白色，通常覆盖一层石灰质，可见细螺肋；壳口极宽阔，内紫色并间具白色，内唇滑层较宽，中凹，轴唇下部有 1 个小齿，前沟宽广。

分布于台湾、海南、西沙群岛和南沙群岛；栖息于低潮线附近或稍深的珊瑚礁质海底。

4 延管螺 *Magilus antiquus* Montfort, 1810

成体贝壳管状，质坚厚；石灰质管的后端螺旋部低，内充满石灰质，仅在管前端近壳口处留有空腔；石灰质管细螺肋明显，基部具 1 条发达的纵走鳍状龙骨；壳面白色，密布鳞片状生长纹。

分布于台湾、海南和西沙群岛；栖息于低潮区至数米水深的浅海石珊瑚内。

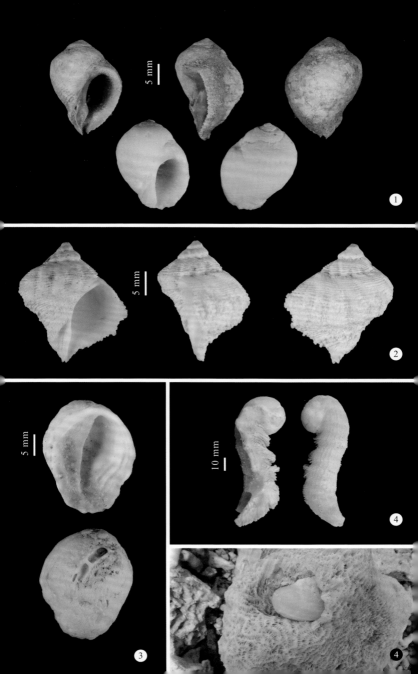

① **芜菁螺** *Rapa rapa* (Linnaeus, 1758)

贝壳倒洋葱形，壳长 65~95 mm，壳质薄；螺旋部低平，体螺层极膨大；壳面黄白色，生有低平的螺肋和生长纹，具皱褶；壳口宽大，内唇滑层较厚，遮盖壳轴形成假脐，前沟延长，绷带较发达。

分布于台湾、海南、西沙群岛和南沙群岛；栖息于浅海水深约 20 m 处的珊瑚礁间，一般将贝壳埋入软珊瑚（Alcyonacea）的缝隙里，只把水管外露。

犬齿螺科 Vasidae H. Adams & A. Adams, 1853

② **犬齿螺** *Vasum turbinellus* (Linnaeus, 1758)

贝壳近拳头形，壳质重厚，壳长约 88 mm；螺旋部低，体螺层大，壳面生有粗螺肋和角状突起，肩角上的一列最大；壳面黄白色，肋间紫褐色；壳口狭长，内黄白色，轴唇上具较强的肋状齿；厣角质，深棕色。

分布于台湾和南海；栖息于低潮区至浅海岩礁质底。

③ **西兰犬齿螺** *Vasum ceramicum* (Linnaeus, 1758)

贝壳纺锤形，壳长约 110 mm；螺旋部较高，圆锥形，壳面白色，具黑褐色斑，外被深褐色壳皮；各螺层中部具发达的角状突起；壳口内面白色，轴唇上具 3 个发达的褶襞。

分布于台湾和南海；栖息于浅海珊瑚礁或岩礁质海底。

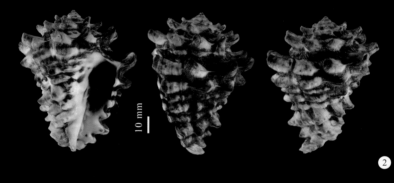

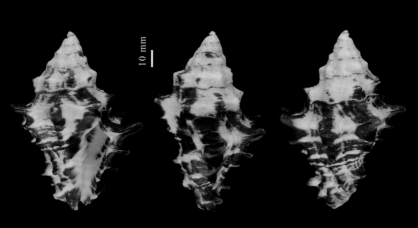

核螺科 Columbellidae Swainson, 1840

❶ 杂色牙螺 *Euplica scripta* (Lamarck, 1822)

贝壳略卵圆形，壳长约 15 mm；壳面黄色或灰白色，花纹变化较大，多为密集的褐色或紫褐色小雀斑或波纹，有的形成螺带；壳口狭长，外唇加厚，内缘中凸，具 1 列细齿，轴唇上具数枚小齿，往内还具 2 个齿，前沟宽短，后沟呈 "U" 字形。

分布于台湾、福建、广东和南海各岛礁；栖息于潮间带的岩礁间。

❷ 斑鸠牙螺 *Euplica turturina* (Lamarck, 1822)

贝壳近卵球形，壳长约 10 mm；螺旋部小而尖，体螺层大、膨圆；壳面光滑，仅在基部刻有细螺纹；贝壳黄褐色或白色，饰有褐色的斑点或线纹；壳口狭小，周缘常呈紫色，外唇内缘中凸，具 1 列小齿，轴唇上具数个小齿，往内还具 2 个齿。

分布于台湾、西沙群岛和南沙群岛等地；栖息于浅海珊瑚礁间。

❸ 丽小笔螺 *Mitrella bella* (Reeve, 1859)

贝壳细长，壳长约 15 mm；螺旋部尖锥形，壳面光滑，土黄色，饰有褐色或紫褐色的火焰状花纹，体螺层周缘常具 1 条环带；壳口外唇内缘通常具 5 个小齿。

分布于我国南北沿海；栖息于潮间带岩石块下或浅海泥沙质海底，喜群栖。

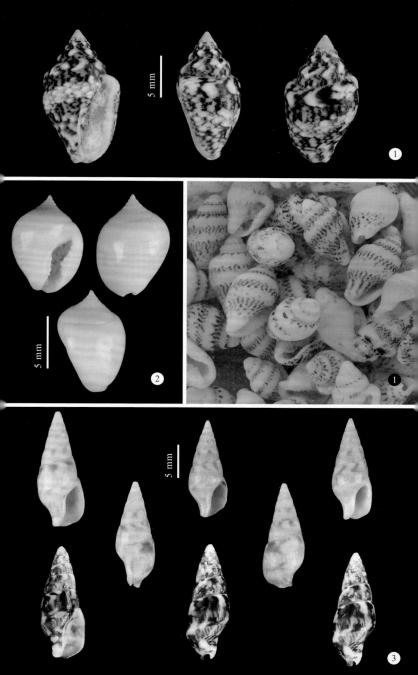

① **布尔小笔螺** *Mitrella burchardi* (Dunker, 1877)

　　壳长约 15 mm；螺旋部圆锥形，壳面光滑，灰黄色，饰有不规则的网状或波纹状花纹；壳口长卵圆形，内淡紫色，具数条放射状的肋纹，前沟宽短。

　　分布于渤海、黄海和东海；栖息于潮间带泥沙滩或石块下。

② **斑核螺** *Pyrene punctata* (Bruguière, 1789)

　　贝壳长卵圆形，壳长约 18 mm；壳顶小而尖，体螺层膨大，基部刻有细螺沟；壳面棕色或黄褐色，具白色的斑块和曲折的花纹；壳内狭长，内灰白色，外唇内缘中部具小齿列，前沟短，后沟窄。

　　分布于台湾和南海各岛礁；栖息于潮间带的岩礁间。

蛾螺科 Buccinidae Rafinesque, 1815

③ **方斑东风螺** *Babylonia areolata* (Link, 1807)

　　贝壳长卵圆形，壳长可达 90 mm；各螺层上方具窄而平的肩部；壳面白色，饰有数列近方形的红褐色斑块，外被黄褐色的壳皮；壳口内瓷白色，前沟宽短，呈缺刻状，脐孔深；厣角质，外表面粗糙。

　　分布于东海和南海；栖息于浅海水深 10~60 m 的细沙和泥质海底。

④ **亮螺** *Phos senticosus* (Linnaeus, 1758)

　　贝壳纺锤形，壳长约 40 mm；壳表纵肋突出，其上生有小棘；螺肋细密，与纵肋交织成布纹状；壳面黄白色，饰有 1 条褐色螺带；壳口内刻有细螺纹。

　　分布于东海和南海；栖息于低潮线至浅海沙或泥沙质海底。

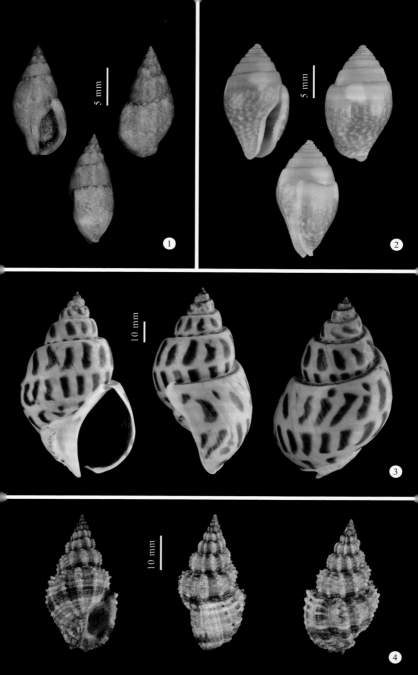

❶ 甲虫螺 *Cantharus cecillei* (Philippi, 1844)

壳质厚，壳长约 35 mm；壳表具粗圆的纵肋和细螺肋，纵肋在肩部形成结节凸起；壳面黄褐色，饰有不连续的褐色螺带；壳口卵圆形，内白色，外唇内缘具齿列。

分布于我国沿海；栖息于潮间带的岩石间。

❷ 烟甲虫螺 *Cantharus fumosus* (Dillwyn, 1817)

贝壳与甲虫螺相近，壳长约 27 mm；但是本种壳形较瘦，螺层无肩部，体螺层中部饰有 1 条明显的白色螺带；壳口内橘色。

分布于台湾和南海；栖息于潮间带岩石间。

❸ 波纹甲虫螺 *Cantharus undosus* (Linnaeus, 1758)

壳质较厚；贝壳两端收缩，近菱形，壳长约 38 mm；壳表刻有排列整齐的螺肋，纵肋仅出现在壳顶数层，螺肋深褐色，肋间色浅；壳口内白色，边缘常具黄色镶边，外唇内缘具小齿列，后沟两侧各具 1 个较发达的齿。

分布于台湾和海南岛和西沙群岛；栖息于潮间带的岩礁间。

❹ 黑口甲虫螺 *Cantharus melanostoma* (G. B. Sowerby I, 1825)

贝壳约 70 mm；壳面膨圆，粗圆的纵肋与细螺肋相交处形成不均匀的结节；壳面浅黄褐色，具断续的棕褐色螺带或线纹；壳口椭圆形，外唇内缘橘红色，内唇滑层黑褐色。

分布于台湾和海南；栖息于浅海珊瑚礁间。

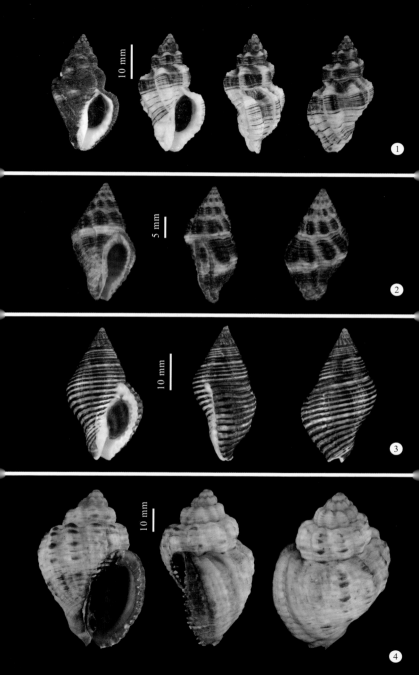

① **缝合海因螺** *Hindsia suturalis* A. Adams, 1855

　　壳长约 33 mm；缝合线凹入，沟状；壳面黄白色，杂有褐色斑带；整个壳表具发达的纵肋和粗细不均的螺肋；壳口卵圆形，边缘具缺刻，外唇边缘宽厚。

　　分布于东海和南海；栖息于水深 10~60 m 的泥沙质海底。

② **纵带唇齿螺** *Engina zonalis* (Lamarck, 1822)

　　贝壳较小，两端收缩，近菱形，壳长约 10 mm；整个壳面布有细螺纹和黑白相间的螺带；低纵肋与螺沟相交成弱的结节状；壳口较小，周缘布有褐色斑块。

　　分布于台湾和南海；栖息于潮间带岩石间。

③ **美丽唇齿螺** *Engina pulchra* (Reeve, 1846)

　　贝壳近菱形，壳长约 25 mm；壳面橘黄色，纵肋较宽，和螺肋相交成结节；壳口卵圆形，内淡紫色，外唇内缘具颗粒状的齿，前沟稍向背方弯曲。

　　分布于台湾和南海；栖息于浅海的岩礁或珊瑚礁间。

④ **火红土产螺** *Pisania ignea* (Gmelin, 1791)

　　壳长约 36 mm；螺旋部较高，壳面黄褐色，杂有红褐色火焰状色斑；壳表光滑，在近壳顶数层具纵横螺肋；壳口长卵圆形，内紫红色，前沟较宽。

　　分布于台湾、海南岛和西沙群岛；栖息于潮间带石砾质海底。

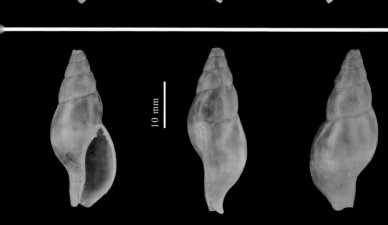

1 **皮氏蛾螺** *Volutharpa perryi* (Jay, 1857)

贝壳近半球形，壳质薄，壳长约 42 mm；螺旋部小，体螺层大而圆；壳面黄白色，生长纹粗糙，外被褐色壳皮；壳口广大，内灰白色或灰褐色，前沟宽短，绷带发达。

分布于黄海北部；栖息于浅海软泥或泥沙质海底。

2 **香螺** *Neptunea cumingii* Crosse, 1862

贝壳较大，壳长 85~135 mm；螺旋部呈阶梯状，肩角上常具结节或翘起的鳞片状突起；壳面黄褐色或白色，有的个体具宽度不等的螺带，并被有褐色壳皮；壳口大，内白色，前水管沟稍延长。

分布于渤海和黄海；栖息于潮下带浅海岩礁或泥质海底。

蛇首螺科 Colubrariidae Dall, 1904

3 **扭蛇首螺** *Colubraria tortuosa* (Reeve, 1844)

贝壳长纺锤形，壳长约 40 mm；螺旋部尖锥状，具纵肿肋和不均匀的膨肿，使螺层多少有些扭曲；壳表螺肋和纵肋相交形成颗粒突起；壳面黄褐色，饰有褐色的斑纹和细线纹；壳口较小，外唇边缘加厚，内缘具小齿；内唇滑层较厚。

分布于南海；栖息于浅海岩礁间。

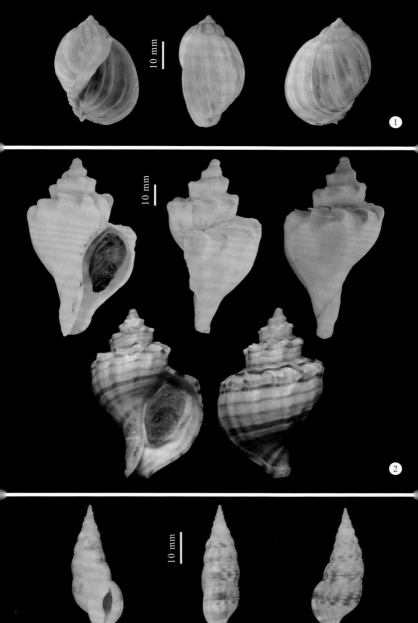

盔螺科 Melongenidae T. Gill, 1871

❶ 管角螺 *Hemi us tuba* (Gmelin, 1791)

贝壳纺锤形，壳长 160~300 mm；螺旋部圆锥形，体螺层高大；壳面黄白色，外被黄褐色壳皮和壳毛；具粗细相间的螺肋和弱的纵肋，各螺层肩角上生有角状或结节突起；壳口大，前沟延长，呈半管状。

分布于东海和南海；栖息于浅海水深 40~50 m 的沙泥或软泥质海底。

❷ 角螺 *Hemifusus colosseus* (Lamarck, 1816)

贝壳与管角螺相近，壳长可超过 330 mm；但是本种较大较细长，壳面膨圆，无明显肩角和结节突起。

分布于东海和南海；栖息于浅海泥或沙质海底。

❸ 厚角螺 *Hemifusus crassicauda* (Philippi, 1849)

贝壳较管角螺宽短，壳质较厚，壳长 110~180 mm；各螺层的肩角上具发达的角状和短棘状突起；壳面黄白色，外被棕色壳皮和纵行的壳毛；壳口大，前沟宽而延长。

分布于东海和南海；栖息于浅海泥沙和软泥质海底。

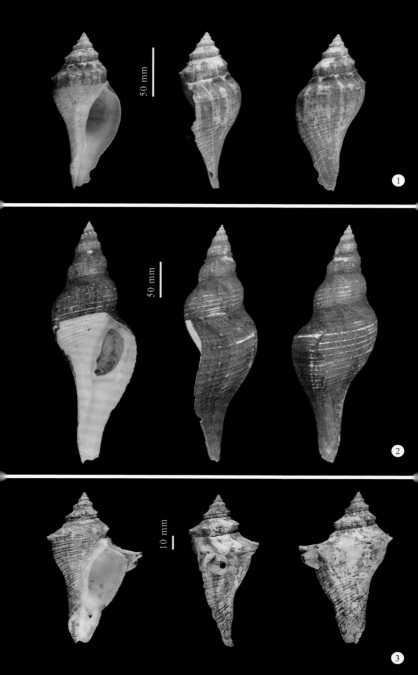

织纹螺科 Nassariidae Iredale, 1916

❶ 方格织纹螺 *Nassarius conoidalis* (Deshayes, 1833)

贝壳近球形，壳长约 30 mm；壳顶尖，体螺层膨圆；壳面灰褐色，体螺层背面常具 1 条白色螺带；壳表具方格状的结节突起；壳口卵圆形，内淡褐色，具细螺纹，内唇上部滑层具 1 个肋状齿；厣角质，褐色。

分布于台湾、福建、广东和海南；栖息于浅海水深 20~80 m 的沙质海底。

❷ 秀丽织纹螺 *Nassarius festivus* (Powys, 1835)

贝壳长卵圆形，壳长约 18 mm；壳面粗糙，黄褐色，具褐色螺带，发达的纵肋和细螺肋交织形成颗粒突起；壳口内黄色，可见壳表螺带，外唇内缘具粒状齿，前沟短而深。

分布于我国南北沿海；栖息于潮间带中、低潮区的泥沙滩上。

❸ 橡子织纹螺 *Nassarius glans* (Linnaeus, 1758)

贝壳长卵圆形，壳长约 38 mm；螺旋部圆锥形；壳面黄白色，饰有黄褐色斑纹和均匀的细螺线；壳顶数层可见明显的纵肋；壳口卵圆形，外唇内缘具数条细肋，边缘下方具数枚尖齿，内唇滑层上方具 1 个发达的齿；绷带发达；厣角质，小，褐色。

分布于台湾和南海；栖息于低潮线至浅海沙质海底。

❹ 节织纹螺 *Nassarius hepaticus* (Pulteney, 1799)

贝壳长卵圆形，壳长约 30 mm；缝合线深，各螺层呈阶梯状，纵肋发达；壳面灰褐色，中部饰有 1 条黄白色螺带；壳口边缘淡黄色，内紫褐色，前沟宽短，后沟小；厣角质，半透明，黄褐色。

分布于东海和南海；栖息于浅海沙或泥沙质海底。

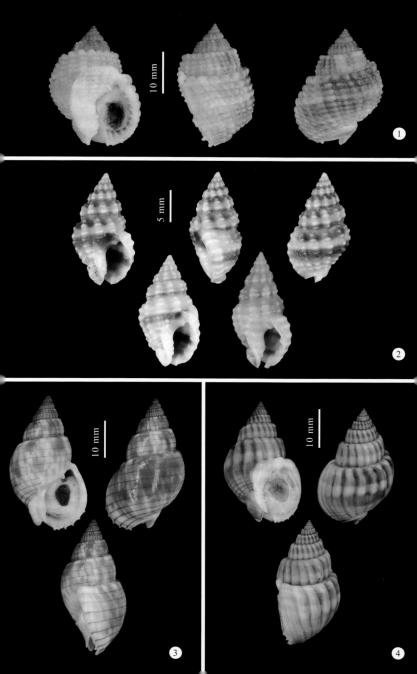

1 **爪哇织纹螺** *Nassarius javanus* (Schepman, 1891)

贝壳长卵圆形，壳长约 20 mm；螺旋部圆锥形，体螺层膨圆；壳面平滑，淡黄褐色，缝合线下方具不规则的褐色斑；壳顶数层具螺肋，基部刻有细螺肋；壳口卵圆形，内唇滑层扩张，前水管沟缺刻状，后沟小。

分布于浙江以南沿海；栖息于潮下带至水深数十米的沙质、砂砾或碎贝壳质海底。

2 **橄榄织纹螺** *Nassarius olivaceus* (Bruguière, 1789)

贝壳长卵圆形，壳长约 35 mm；螺旋部表面具纵肋，体螺层基部刻有细螺肋；壳面棕褐色，缝合线上方和体螺层中部饰有 1 条黄白色螺带；壳口卵圆形，外唇和内唇内侧分别具小齿和褶襞。

分布于台湾和海南；栖息于潮间带至浅海水深约 10 m 的泥质或泥沙质海底。

3 **疣织纹螺** *Nassarius papillosus* (Linnaeus, 1758)

贝壳长卵圆形，壳长约 45 mm；壳面黄白色，杂有褐色斑，壳顶色较深；壳表具排列整齐的疣状颗粒突起；壳口较圆，外唇边缘具 6~8 枚棘刺，内唇光滑，前沟短而深，后沟小。

分布于台湾、西沙群岛和南沙群岛；栖息于低潮线附近的沙滩上。

4 **半褶织纹螺** *Nassarius sinarum* (Philippi, 1851)

贝壳长卵圆形，壳长约 20 mm；壳表具明显的纵肋和细螺纹，体螺层的背部近壳口处多平滑无肋；壳面黄白色，体螺层上具 3 条褐色螺带；壳口卵圆形，外唇内缘具齿状肋。

分布于黄海和东海；栖息于潮间带或稍深的泥或泥沙质海底。

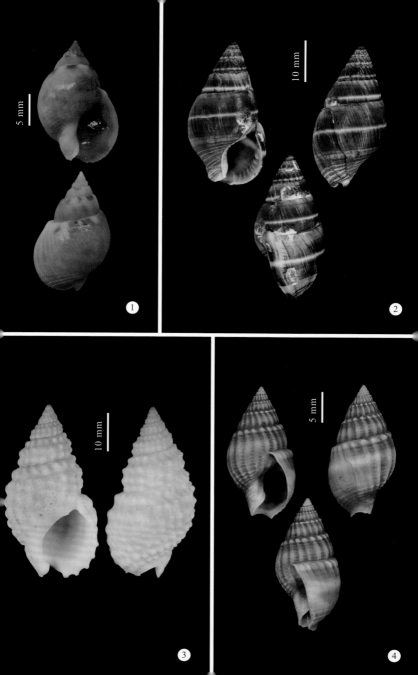

① 西格织纹螺 *Nassarius siquijorensis* (A. Adams, 1852)

贝壳长卵圆形，壳长约 34 mm；缝合线深，螺层多少呈阶梯状；壳面黄白色，饰有褐螺带；纵肋较发达，细螺肋与之相交织；壳口卵圆形，外唇内缘具肋齿，边缘下方常具十余枚齿尖。

分布于东海和南海；栖息于数米或数十米水深的沙或泥沙质海底。

② 红带织纹螺 *Nassarius succinctus* (A. Adams, 1852)

贝壳长卵圆形，壳长约 22 mm；螺旋部较高，仅在近壳顶数层可见纵肋；壳面黄白色，体螺层上饰有 3 条红褐色螺带，基部刻有细螺肋；壳口内可见壳面螺带，外唇内缘具肋齿。

分布于我国沿海；栖息于浅海泥沙质海底。

③ 粒织纹螺 *Nassarius graniferus* (Kiener, 1834)

贝壳较小，壳长约 15 mm；螺旋部圆锥形，体螺层膨大；壳面洁白，排列有整理的粒状突起；壳口小，外唇内缘具小齿列，内唇滑层发达，覆盖整个体螺层腹面，前沟缺刻状。

分布于南海；栖息于潮间带沙滩至浅海泥沙质海底。

④ 胆形织纹螺 *Nassarius pullus* (Linnaeus, 1758)

贝壳较宽短，卵圆形，壳长约 20 mm；螺旋部小，体螺层大；壳面黄褐色，饰有紫褐色螺带；壳表具明显的纵横螺肋；壳口周缘淡黄色，内深褐色，内唇滑层扩张，覆盖体螺层的腹面。

分布于东海和南海；栖息于潮间带的沙滩上。

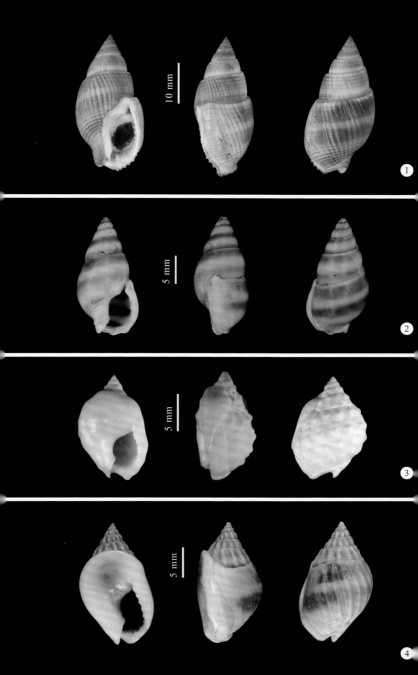

1 **纵肋织纹螺** *Nassarius variciferus* (A. Adams, 1852)

贝壳长圆锥形,壳长约 25 mm;缝合线沟状,壳面淡黄色,常饰有褐色螺带,具突出的纵肋和细螺纹,每螺层上具 1~2 条白色纵肿肋;壳口卵圆形,外唇内缘具齿状肋,前沟短,缺刻状。

分布于我国沿海;栖息于潮间带至浅海泥沙质海底。

榧螺科 Olividae Latreille, 1825

2 **红口榧螺** *Oliva miniacea* (Röding, 1798)

贝壳近圆筒状,壳长可达 90 mm;壳面具光泽,花纹有变化,多呈杏黄色,饰有褐色的花纹,体螺层可见 3 条斑块组成的螺带;壳口窄长,内橘红色,轴唇褶襞多而强,前沟宽短;无厣。

分布于台湾和广东以南沿海;栖息于潮下带沙和泥沙质浅海。

3 **伶鼬榧螺** *Oliva mustelina* Lamarck, 1811

贝壳圆筒状,壳长约 35 mm;螺旋部低小或平,缝合线深,体螺层高大;壳色和花纹有变化,多灰黄褐色,密布曲折的纵走波纹;壳口窄长,内灰紫色,轴唇褶襞发达,前沟宽短,后沟小;无厣。

分布于黄海、东海和南海;栖息于浅海细沙或泥沙质海底。

4 **彩饰榧螺** *Oliva ornata* Marrat, 1867

贝壳较瘦长,长筒状,壳长约 50 mm;壳色和花纹有变化,多淡黄褐色或黑褐色等,并具褐色网状花纹,体螺层上常具 3 条界限不太清晰的螺带;壳口窄长,内灰白色,轴唇白色,具褶襞。

分布于台湾和海南;栖息于潮间带至浅海沙或泥沙质海底。

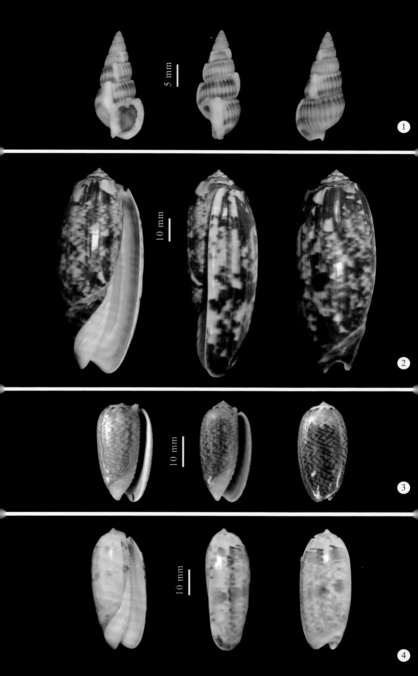

1 **红侍女螺** *Amalda rubiginosa* (Swainson, 1823)

贝壳毛笔头状，壳长约 30 mm；螺旋部覆盖滑层，壳面肉色，缝合线下方和贝壳基部各具 1 条褐色螺带；壳口卵圆形，外唇薄，轴唇白色，具 3 条肋状襞。

分布于长江口以南沿海；栖息于浅海 10~100 m 的泥沙质海底。

笔螺科 Mitridae Swainson, 1831

2 **笔螺** *Mitra mitra* (Linnaeus, 1758)

贝壳近笋形，壳长 80~150 mm；螺旋部刻有细螺纹，体螺层光滑；壳面呈黄白色，饰有橘红色的斑块和斑点；壳口狭长，内黄色，外唇边缘下部具小棘，轴唇上具 4 条肋状齿，前沟缺刻状。

分布于台湾和南海；栖息于浅海沙质海底。

3 **中国笔螺** *Mitra chinensis* Gray, 1834

贝壳纺锤形，壳长约 50 mm；壳表肉色或灰褐色，外被黑褐色壳皮，螺旋部和体螺层基部具螺肋；壳口长，内灰褐色，轴唇上具 3~4 条肋状齿，前沟宽短。

分布于山东青岛以南沿海；栖息于潮间带的岩石间。

4 **锈笔螺** *Mitra ferruginea* Lamarck, 1811

贝壳近毛笔头状，壳长约 40 mm；贝壳黄白色，具褐色或红褐色火焰状斑纹，壳面刻有均匀的螺肋；壳口狭长，内淡黄褐色，轴唇上具 5 条肋状齿。

分布于台湾和广东以南沿海；栖息于潮间带岩石岸或稍深的珊瑚礁间。

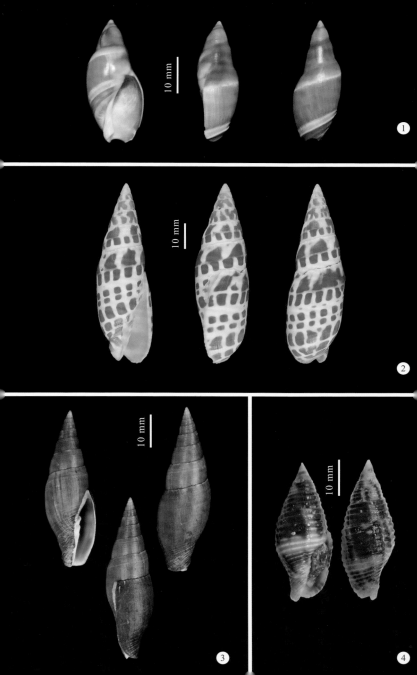

1 圆点笔螺 *Mitra scutulata* (Gmelin, 1791)

贝壳两端尖，中部膨胀，壳长约 40 mm；壳面多褐色，每螺层的缝合线下方具 1 条不规则的黄白色螺带，体螺层下部具纵行的黄白色花纹和斑点；壳口内灰白或灰紫色，轴唇具 3~5 条肋状齿。

分布于台湾、广东、广西、海南和西沙群岛；栖息于潮间带的岩礁或珊瑚礁间。

2 收缩笔螺 *Mitra contracta* Swainson, 1820

贝壳长卵圆形，壳长 25~35 mm；螺旋部圆锥形，缝合线明显，螺层周缘较平直，体螺层中部微收缩凹陷；壳面白色，饰有橘红色斑纹，并刻有排列整齐的细螺纹；壳口较长，轴唇上具 4 条肋状齿。

分布于台湾和南沙群岛；栖息于潮间带至浅海珊瑚礁石间。

3 金笔螺 *Strigatella aurantia* (Gmelin, 1791)

贝壳橄榄形，壳长约 35 mm；壳面橘色至褐色，缝合线上方和体螺层上方具 1 条宽的白色螺带；壳表具低平的螺肋；壳口窄，内白色，外唇内缘具齿列，轴唇具 4 条肋状齿。

分布于台湾、广东和海南；栖息于潮间带至潮下带浅水珊瑚礁区。

4 环肋笔螺 *Domiporta circula* (Kiener, 1838)

贝壳瘦长纺锤形，壳长约 40 mm；壳面橘色，缝合线下方具 1 条宽的白色螺带；壳表具排列整齐而稀疏的细螺肋，肋间凹，具布目状雕刻；壳口狭长，内唇具 4 条肋状齿。

分布于东海和南海；栖息于浅海水深 0~119 m 的海底。

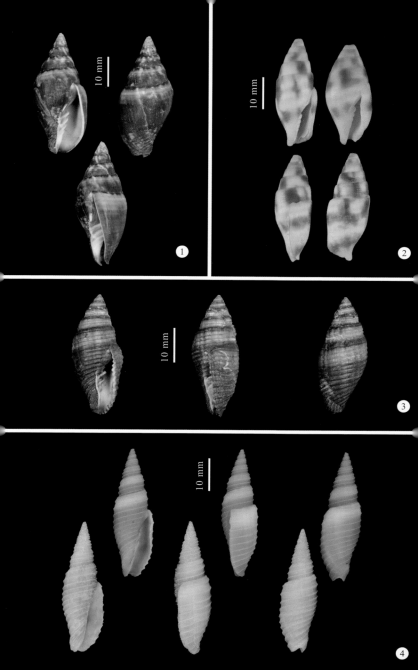

肋脊笔螺科 Costellariidae MacDonald, 1860

1 朱红菖蒲螺 *Vexillum coccineum* (Reeve, 1844)

贝壳纺锤形，壳长约 68 mm；螺旋部尖高，壳面具低平的纵肋和细密的螺纹；贝壳橘色，各螺层饰有 1 条淡黄色的螺带；壳口狭长，轴唇上具 4 条肋状齿，前沟宽短，后沟小。

分布于台湾和南海；栖息于浅海沙或泥沙质海底。

2 粗糙菖蒲螺 *Vexillum rugosum* (Gmelin, 1791)

贝壳纺锤形，壳长约 50 mm；壳表具发达的纵肋和细螺肋，螺层上具肩角；壳面具褐色与黄白色相间的螺带，壳色常有变化；壳口狭长，轴唇上具 4~5 条肋状齿。

分布于台湾和广东以南沿海；栖息于低潮线至浅海沙或泥沙质海底。

3 小狐菖蒲螺 *Vexillum vulpecula* (Linnaeus, 1758)

贝壳纺锤形，壳长约 56 mm；壳面颜色有变化，橙黄色至褐色，饰有螺带，近壳顶数层和基部颜色加深；壳表具低而钝的纵肋和细螺纹，纵肋在螺旋部较明显；壳口狭长，轴唇上具 3~4 条肋状齿，前沟短，微向背方曲。

分布于台湾、海南岛和南沙群岛；栖息于浅海沙质海底。

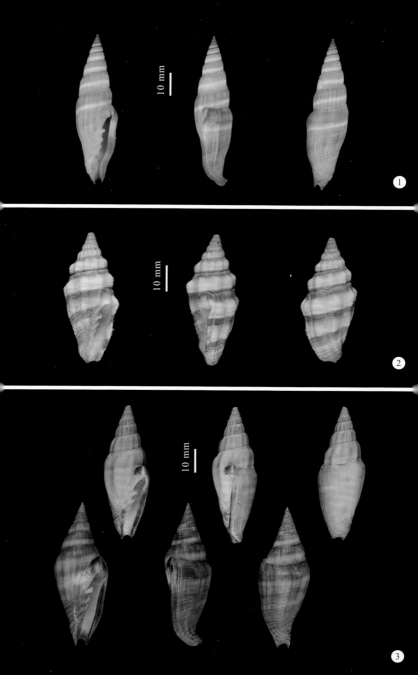

细带螺科 Fasciolariidae Gray, 1853

① 四角细肋螺 *Pleuroploca trapezium* (Linnaeus, 1758)

贝壳纺锤形,壳长约 115 mm;各螺层的肩角上生有发达的瘤状突起,壳面具细密的螺肋和成对排列的红褐色螺线;外被黄褐色壳皮;壳口卵圆形,外唇内面具细密的紫红色螺线,轴唇上具 3 个肋状襞,前沟稍延长。

分布于台湾、西沙群岛和南沙群岛;栖息于水深约 20 m 的岩礁或珊瑚礁海底。

② 旋纹细肋螺 *Filifusus filamentosus* (Röding, 1798)

贝壳长纺锤形,壳长可达 130 mm;螺旋部塔形;壳面黄褐色,具粗细相间的螺肋,肩部上具结节突起;壳口卵圆形,内面褐色,外唇薄,内唇轴上具 3 条肋状齿,前沟延长,呈管状。

分布于台湾、西沙群岛和南沙群岛;栖息于浅海珊瑚礁间。

③ 塔形纺锤螺 *Fusinus forceps* (Perry, 1811)

贝壳细长纺锤形,壳长约 110 mm;螺旋部尖塔状,缝合线凹;壳面白色,具粗壮的纵肋和明显的螺肋;外被黄褐色壳皮;壳口卵圆形,前沟细长,直管状。

分布于台湾和广东以南沿海;栖息于浅海水深 50~100 m 的泥沙质海底。

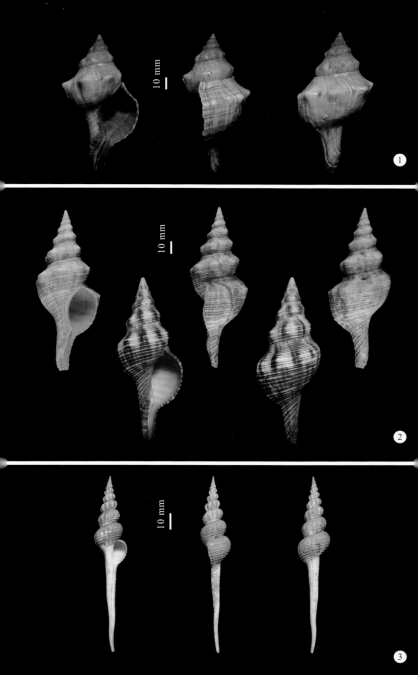

① **鸽螺** *Peristernia nassatula* (Lamarck, 1822)

贝壳略菱形,壳长约 28 mm;壳面粗糙,具发达的灰白色纵肋,肋间棕色;刻有粗细不等、排列紧密的螺旋肋;壳口内紫色,外唇内具齿纹,轴唇上2~3 个肋状襞,前沟较短。

分布于台湾、海南岛、西沙群岛和南沙群岛;栖息于浅海珊瑚礁间。

② **宝石山黧豆螺** *Latirolagena smaragdulus* (Linnaeus, 1758)

贝壳卵圆形,壳长约 40 mm;螺旋部矮圆锥形,体螺层膨圆;贝壳黄棕色,壳表雕刻有细密的螺肋,肋间颜色较深;壳口长卵圆形,内瓷白色,轴唇上具肋状襞,前沟短,前端紫褐色。

分布于台湾、西沙群岛和南沙群岛;栖息于低潮线附近的岩礁或珊瑚礁间。

③ **细纹山黧豆螺** *Turrilatirus craticulatus* (Linnaeus, 1758)

壳长约 40 mm;螺旋部高;壳表具粗细相间的螺肋和粗而低平的纵肋;壳面黄白色或黄褐色,纵肋上具橘色或红褐色的纵带;壳口卵圆形,内唇轴上具 4~5 条肋状襞,前沟稍短。

分布于台湾、海南和西沙群岛;栖息于低潮线附近的岩礁或珊瑚间。

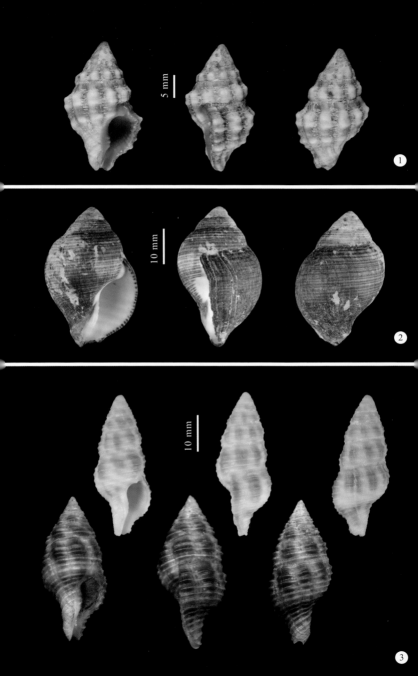

1　5 mm

2　10 mm

3　10 mm

① **笨重山黧豆螺** *Latirus polygonus barclayi* (Reeve, 1847)

贝壳纺锤形，壳长约 70 mm；螺层中部形成肩角，其上生有发达的结节突起，体螺层具 2 列这样的突起；螺肋细；壳面灰白色，外被 1 层薄的黄色壳皮；壳口外唇内缘具细肋，轴唇上具肋状襞，前沟延长。

分布于西沙群岛和南沙群岛；栖息于浅海珊瑚礁间。

竖琴螺科 Harpidae Bronn, 1849

② **大竖琴螺** *Harpa major* Röding, 1798

贝壳卵圆形，壳长可达 120 mm；壳表具排列稀疏而凸出的纵肋，纵肋在肩角上形成小的角状突起；贝壳肉色，印有白色和红褐色波状花纹；壳口大，内唇和体螺层腹面具大片的咖啡色斑，前沟宽短；无厣。

分布于台湾和广东以南沿海；栖息于浅海沙或泥沙质海底。

③ **方格桑椹螺** *Morum cancellatum* (G. B. Sowerby I, 1825)

壳质坚厚，壳长约 40 mm；壳面黄白色，体螺层上饰有 3~4 条褐色螺带，整齐的纵横螺肋交织成格子状，交织点生有角状短棘；壳口狭长，外唇厚，内缘有齿列，内唇扩张，其上生有褶皱。

分布于东海和南海；栖息于浅海 50~150 m 的沙质海底。

④ **大桑椹螺** *Morum grande* (A. Adams, 1855)

贝壳与方格桑椹螺相近，但本种较大，壳长约 67 mm；壳表螺肋较粗，其上生有纵行的小鳞片；纵肋细，与螺肋交织点形成棘刺；壳面螺带隐约可见；内唇滑层扩张，边缘呈片状。

分布于台湾和南海；栖息于水深 100~300 m 的泥沙或砂砾质海底。

涡螺科 Volutidae Rafinesque, 1815

1 **瓜螺** *Melo melo* (Lightfoot, 1786)

贝壳大，近半球形，壳长可超过 250 mm；螺旋部小，成体时几乎完全凹入体螺层中；壳面平滑，橘黄色，具大块的红褐色斑，幼体贝壳斑块更明显；壳口大，内面极光滑，外唇薄，轴唇上具 4 个肋状襞，前沟缺刻状；无厣。

分布于浙江以南沿海；栖息于浅海泥或泥沙质海底。

2 **哈密电光螺** *Fulgoraria hamillei* (Crosse, 1869)

贝壳近梭形，壳长约 125 mm；各螺层中部和体螺层上方具肩部，纵肋明显；壳面土黄色或橘黄色，饰有纵走的断续波纹状褐色螺带呈曲折，并刻有较均匀的细沟纹；壳口较宽，外唇在肩部形成明显的拐角。

分布于台湾；栖息于潮下带浅海。

衲螺科 Cancellariidae Forbes & Hanley, 1851

3 **金刚衲螺** *Cancellaria spengleriana* Deshayes, 1830

贝壳近纺锤形，壳长约 50 mm；壳表刻有细密的螺肋和稀疏而不均匀的纵肋，纵肋在肩角上形成结节；壳面黄褐色，杂有褐色斑纹和白色螺带；壳口外唇内缘具细齿列，轴唇上具 3 个肋状襞。

分布于我国沿海；栖息于低潮线至浅海沙质海底。

1

50 mm

2

10 mm

3

10 mm

① 中华衲螺 *Cancellaria sinensis* Reeve, 1856

贝壳卵圆形，壳长约 37 mm；缝合线较深；壳面呈不均匀的黄褐色，饰有浅色螺带；壳表具密集的纵横交织的螺纹，交叉点呈小颗粒状；壳口卵圆形，内白色，具细螺肋，轴唇上具 3 条肋状褶襞。

分布于台湾和南海；栖息于数十米至百米深的泥沙质海底。

② 椭圆衲螺 *Cancellaria oblonga* G. B. Sowerby I, 1825

贝壳较中华衲螺瘦长，壳长约 32 mm；螺旋部较高；壳表具布纹状雕刻；壳面黄褐色，可见浅色螺带；壳口橄榄形，内黄褐色，外唇内面具细螺肋，轴唇上具 3 条肋状褶襞。

分布于台湾和南海；栖息于浅海泥沙质海底。

③ 白带三角口螺 *Trigonostoma scalariformis* (Lamarck, 1822)

壳长约 23 mm；壳表具粗而稀疏的纵肋，螺肋细弱，每螺层上方具 1 个台阶状的肩部；壳面黄褐色，在肩部和体螺层中部具 1 条白色螺带；壳口卵圆形，内可见壳面白色螺带，壳口两侧具齿列和褶襞，脐孔明显。

分布于我国沿海；栖息于低潮线下浅海泥沙质海底。

缘螺科 Marginellidae Fleming, 1828

④ 三带缘螺 *Marginella tricincta* Hinds, 1844

贝壳长卵圆形，壳长约 23 mm；螺旋部在成体时完全陷入体螺层内，壳面灰绿色，光滑有光泽，饰有 3 条颜色略深的螺带；壳口狭长，外唇外缘加厚；内唇轴上具 6 条肋状襞；无厣。

分布于东海和南海；栖息于浅海至百余米的泥沙质海底。

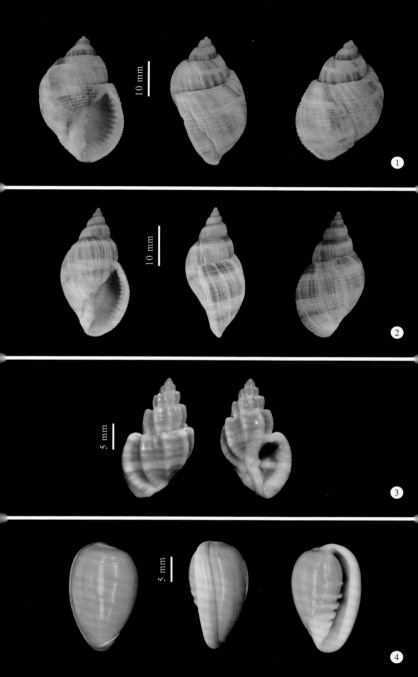

塔螺科 Turridae H. Adams & A. Adams, 1853

❶ 波纹塔螺 *Turris crispa* (Lamarck, 1816)

贝壳较细长，壳长约 125 mm；螺旋部尖高；壳面黄白色，具粗细相间的螺肋，肋上密布褐色的斑点；壳口外唇上方的缺刻较深，前水管沟延长；具角质厣。

分布于台湾和南海；栖息于浅海沙质或泥沙质海底。

❷ 南方尼奥螺 *Nihonia australis* (Roissy, 1805)

贝壳长纺锤形，壳长可达 110 mm；壳面膨圆，具褐色的颗粒状螺肋，肋间颜色浅，刻有细弱的间肋和细纵纹；壳口窄而长，外唇近缝合线处的缺刻较深，前水管沟延长，半管状；厣角质，黄褐色。

分布于台湾和南海；栖息于浅海十余米至上百米的沙或泥沙质海底。

❸ 白龙骨乐飞螺 *Lophiotoma leucotropis* (Adams & Reeve, 1850)

壳长约 50 mm；螺旋部尖塔形，各螺层中部具 1 条突出的龙骨状螺肋，其余螺肋较细；壳面黄褐色，螺肋颜色浅；壳口外唇上部的缺刻较深，前沟细长；厣角质，黄褐色。

分布于东海和南海；栖息于潮间带至百余米水深的沙或泥沙质海底。

❹ 细肋蕾螺 *Lophiotoma deshayesii* (Doumet, 1839)

贝壳塔形，螺旋部高，壳长约 55 mm；壳面黄褐色，具细密而不均匀的螺肋，在缝合线下方具 2 条较粗螺肋；壳口外唇上方的缺刻呈 "U" 或 "V" 形，前沟稍长；厣角质，黄褐色。

分布于我国南北沿海；通常栖息于百米以内的泥沙和泥质海底。

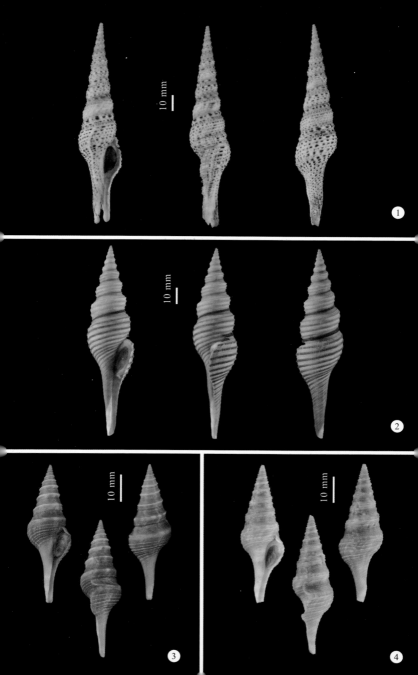

❶ 凯蕾螺 *Gemmula kieneri* (Doumet, 1840)

贝壳纺锤形，壳长约 60 mm；螺旋部塔形，每螺层肩角上突出 1 条由结节连成的螺肋；肩角上方微凹；体螺层肩部下方具数条颗粒状螺肋；壳面黄白色，杂有褐色斑点和斑纹；壳口外唇缺刻较深，前沟延长较直；厣角质，褐色。

分布于南海；栖息于水深数十米至 200 m 左右的沙或泥沙质海底。

❷ 美丽蕾螺 *Gemmula speciosa* (Reeve, 1842)

外形与凯蕾螺近似，壳长约 65 mm；壳表具细螺肋，每螺层肩角上具 1 条突出的小结节组成的螺肋；壳面黄白色，螺肋红褐色；壳口卵圆形，外唇缺刻深，前沟较长。

分布于台湾和南海；栖息于浅海沙质海底。

❸ 假奈拟塔螺 *Turricula nelliae spuria* (Hedley, 1922)

贝壳纺锤形，壳长约 35 mm；壳顶尖，缝合线下方具 1 条细螺肋，螺层下半部和体螺层肩部具 1 列结节突起；基部具由数条小颗粒组成的螺肋；壳面黄褐色，具不规则的纵走花纹；壳口外唇缺刻明显，前沟稍长。

分布于东海和南海；栖息于浅海泥沙质海底。

❹ 杰氏裁判螺 *Inquisitor jeffreysii* (Smith, 1875)

贝壳较细长，壳长 25~60 mm；螺旋部较高，壳表细螺肋和明显的纵肋相交点形成结节；壳面黄褐色；壳口外唇缺刻稍宽，呈"U"形，前沟稍短。

分布于黄海和东海；栖息于浅海泥、泥沙或软泥质海底。

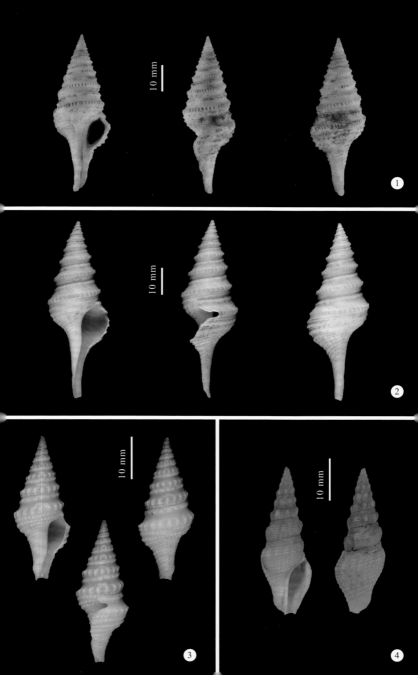

❶ 假主棒螺 *Inquisitor latifasciata* (G. B. Sowerby II, 1870)

贝壳近纺锤形，壳长 16~30 mm；壳表密布细螺肋，缝合线处具 1 条明显的粗螺肋，各螺层下方具稀疏的纵肋；壳面黄褐色，每螺层中部具 1 条白色螺带；外唇缺刻浅，前沟稍短。

分布于我国南北沿海；栖息于数十米水深的软泥或泥沙质海底。

芋螺科 Conidae Fleming, 1815

❷ 桶形芋螺 *Conus betulinus* Linnaeus, 1758

壳长 110~150 mm；螺旋部低矮，壳顶凸出；体螺层上部宽，肩部圆钝，基部收缩；壳面黄白色，光滑，仅在基部刻有细螺沟；饰有平行排列的大小不一的紫褐色斑点；外被黄褐色壳皮；壳口狭长，外唇边缘薄；厣角质，极小，不能盖住壳口。

分布于台湾和南海；栖息于低潮线附近至浅海沙质海底。

❸ 大尉芋螺 *Conus capitaneus* Linnaeus, 1758

壳质稍薄，壳长约 68 mm；螺旋部低矮，体螺层上部宽大，基部收缩；肩部上方以及基部刻有细螺沟；壳面黄色，肩部以上印有火焰状花纹，其余壳面饰有分别由大斑块和小斑点组成的螺带；厣角质。

分布于台湾和南海；栖息于低潮线附近的岩礁间。

❹ 加勒底芋螺 *Conus chaldaeus* (Röding, 1798)

贝壳较小，壳质坚固，壳长 28~40 mm；螺旋部低圆锥形，体螺层肩角上生有小的疣状突起；壳表刻有细螺沟和螺肋，肋上生有小的结节；壳面白色，体螺层上、下部分别印有棕色或黑紫色的波状纵带；厣角质，极小，不能盖住壳口。

分布于台湾和南海；栖息于潮间带岩礁间。

1 希伯来芋螺 *Conus ebraeus* Linnaeus, 1758

贝壳较小，壳质坚固，壳长 23~35 mm；螺旋部低圆锥形，肩部具 1 列小的疣状突起；壳面灰白色，刻有细螺纹，体螺层上具 4 列近长方形黑紫色斑块；外被黄褐色的壳皮；壳口狭长，内面具黑紫色斑块；厣角质，小。

分布于台湾和南海；栖息于潮间带岩礁间。

2 地纹芋螺 *Conus geographus* Linnaeus, 1758

贝壳近筒状，壳质稍薄，壳长可超过 120 mm；螺旋部低小，体螺层高大，基部明显收缩；每一螺层的缝合线上方和体螺层的肩角上具结节突起；壳面淡黄褐色，具红褐色网状花纹和不规则的云状斑；壳口下方逐渐扩张，内面白色。

分布于台湾和海南；栖息于低潮线附近至浅海沙滩上或珊瑚礁间。本种毒性极强，有伤人致死的记载。

3 马兰芋螺 *Conus tulipa* Linnaeus, 1758

形似地纹芋螺，但本种相对较小，壳长约 55 mm；螺旋部和体螺层肩部光滑无结节突起；壳面具密集的褐色环形点线；壳口内面紫色。

分布于台湾和南海；栖息于浅海。

4 橡实芋螺 *Conus glans* Hwass in Bruguière, 1792

贝壳形似橡实，壳长 22~28 mm；整个壳面刻有螺肋，有的螺肋上生有微细的颗粒状突起；贝壳多紫色，由于颜色深浅不同而形成不规则的纵带，有的壳面具棕黄色斑纹；壳口狭长，内面紫色，轴唇上方具 1 条明显的刻痕。

分布于台湾和南海；栖息于浅海珊瑚礁海域。

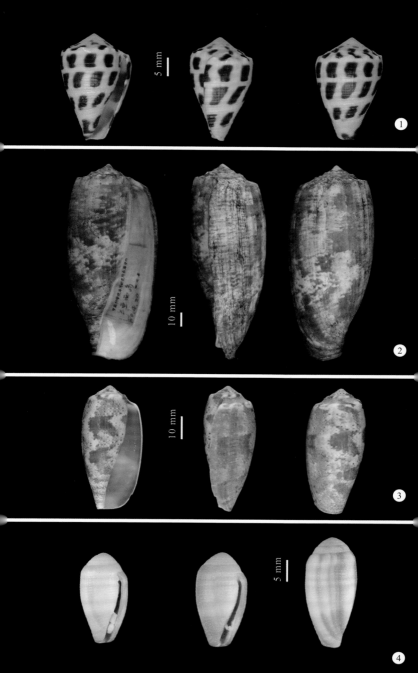

1 **堂皇芋螺** *Conus imperialis* Linnaeus, 1758

　　贝壳倒圆锥形，壳质坚固，壳长约 58 mm；螺旋部低矮，缝合线上方以及体螺层肩部具结节突起，肩部以下壳面较平直；壳面白色，饰有 2 条宽的褐色螺带以及许多断续的褐色环形点线花纹；壳口内面白色，前沟部褐色；厣角质，极小。

　　分布于台湾和南海；栖息于低潮线附近至数米水深的沙滩上或珊瑚礁间。

2 **信号芋螺** *Conus litteratus* Linnaeus, 1758

　　贝壳倒圆锥形，壳质厚重，壳长 60~120 mm；螺旋部低平；壳面瓷白色，布有近方形的由黑褐色小斑块组成的排列整齐的螺带；外被有黄褐色壳皮；壳口窄长，基部紫褐色；厣角质，小。

　　分布于台湾和南海；栖息于浅海沙滩上或珊瑚礁间。

3 **疣缟芋螺** *Conus lividus* Hwass in Bruguière, 1792

　　贝壳倒圆锥形，壳长约 57 mm，肩部和缝合线上方具疣状结节，体螺层下半部具细螺肋，其上具弱的小颗粒凸起；肩部以上壳面白色，以下黄棕色，体螺层中部具 1 条浅色的螺带；壳口内紫色；厣角质，极小。

　　分布于台湾和海南岛、西沙群岛和南沙群岛；栖息于低潮线附近至浅海岩礁或珊瑚礁间。

4 **黑芋螺** *Conus marmoreus* Linnaeus, 1758

　　贝壳倒圆锥形，壳长 65~110 mm；螺旋部低矮，体螺层高大，肩部具结节突起；壳面黑褐色，布满较大的近三角形的白色斑块，外被 1 层黄色壳皮；壳口狭长，内面肉色；厣角质，极小。

　　分布于台湾和西沙群岛和南沙群岛；栖息于浅海数米深的沙质海底或珊瑚礁间。

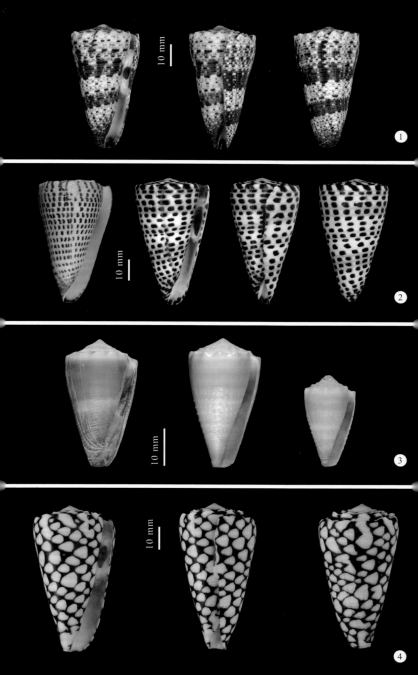

① **乐谱芋螺** *Conus musicus* Hwass in Bruguière, 1792

贝壳小，倒圆锥形，壳长 14~22 mm；体螺层上半部白色，肩角上具结节突起，结节间和螺旋部表面印有黑紫色斑纹；下半部灰色，具褐色的点线状环纹和细螺肋；壳口内面具紫色斑纹。

分布于台湾、海南和西沙群岛；栖息于潮间带至潮下带岩礁或珊瑚礁间。

② **白地芋螺** *Conus nussatella* Linnaeus, 1758

贝壳长筒状，壳长约 44 mm；壳顶尖，壳顶数层具小结节突起；体螺层表面刻有细螺肋，螺肋上具弱的结节；壳面黄白色，杂有黄色的不规则大斑纹；螺肋上印有深色的斑点；壳口狭长。

分布于台湾、海南岛和西沙群岛；栖息于浅海。

③ **斑疹芋螺** *Conus pulicarius* Hwass in Bruguière, 1792

壳长约 50 mm，壳质厚；螺旋部低矮，每一螺层的肩部具 1 列结节突起；壳表光滑，基部刻有细螺纹；壳面白色，饰有大小不等的褐色斑点，体螺层的中部和基部斑点较密集；外被黄色壳皮。

分布于台湾和南海；栖息于浅海沙质海底或珊瑚礁间。

④ **线纹芋螺** *Conus striatus* Linnaeus, 1758

贝壳近筒状，壳长 80~100 mm；螺旋部呈低圆锥形，体螺层高大，肩部上方呈凹沟状；壳面黄白色，断续的紫褐色线纹密集形成大小不均的斑纹，外被土黄色的壳皮；壳口狭长，内白色，前沟宽。

分布于台湾和海南岛、西沙群岛和南沙群岛；栖息于沙质底浅海，可分泌很强的毒素。

1 沟芋螺 *Conus sulcatus* Hwass in Bruguière, 1792

贝壳倒圆锥形, 壳长 60~77 mm; 壳顶尖小, 突出; 体螺层肩部棱角状。壳面刻有许多螺沟和螺肋, 基部螺肋上具小颗粒; 壳表黄白色; 壳口狭长, 内白色; 厣角质, 极小。

分布于南海; 栖息于浅海数十米深的沙质海底。

2 织锦芋螺 *Conus textile* Linnaeus, 1758

贝壳近纺锤形, 壳长 55~90 mm; 螺旋部稍高, 肩部圆钝; 壳面光滑, 基部刻有细螺肋; 壳面灰白色, 具褐色线纹和近三角形覆鳞状花纹, 体螺层的中部和基部通常各具 1 条较宽的不规则的螺带; 外被黄褐色壳皮; 壳口稍宽而长, 内面白色。

分布于台湾和广东以南沿海; 栖息于潮间带至浅海石砾下或珊瑚礁间, 能分泌较强的毒液, 如不慎被其咬伤, 重者可危及生命。

3 犊纹芋螺 *Conus vitulinus* (Hwass in Bruguière, 1792)

贝壳倒圆锥形, 壳长 37~60 mm; 螺旋部低矮; 壳表平滑, 基部具十余条小颗粒组成的螺肋; 壳面白色, 饰有火焰状紫褐色花纹, 在体螺层上方具 1 条宽大的褐色螺带, 并具排列整齐的环行小褐色斑点; 前沟部紫色。

分布于台湾、海南岛和西沙群岛; 栖息于低潮区至浅海岩礁间。

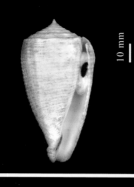

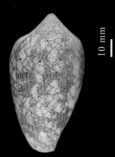

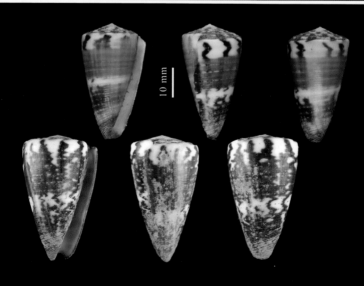

笋螺科 Terebridae Mörch, 1852

① 罫纹笋螺 *Terebra maculata* (Linnaeus, 1758)

为本科个体最大者，壳长可达 200 mm；螺旋部高起，各螺层饰有 2 列紫褐色的斑块，其余壳面具淡黄色与白色相间的螺带；外唇薄，轴唇上具 1 个明显的褶襞。

分布于台湾、西沙群岛和南沙群岛；栖息于低潮线附近至浅水区沙质海底。

② 分层笋螺 *Terebra dimidiata* (Linnaeus, 1758)

贝壳尖锥形，壳长约 100 mm；缝合线下方具 1 条细螺沟；壳面光滑，饰有排列成带的橘色方斑，斑块间隙白色；外唇薄，轴唇白色，前沟宽短；厣角质，深褐色。

分布于台湾、西沙群岛和南沙群岛；栖息于低潮线至浅海沙质海底。

③ 方格笋螺 *Terebra cumingii* Deshayes, 1857

贝壳长锥状，壳长约 70 mm；壳面土黄色，具方格状雕刻，在缝合下方具 1 条粗螺肋，第 2 条次之；壳口卵圆形，内唇扭曲，前沟略长；厣角质，褐色。

分布于南海；栖息于潮下带数十米至百米水深的沙泥质海底。

④ 三列笋螺 *Terebra triseriata* Gray, 1834

贝壳细长，壳长可达 100 mm 以上；壳面淡黄褐色，每螺层通常具 5~6 列珠状螺肋，缝合线下方的第 1 列最大，第 2 列次之；壳口小，内唇扭曲；厣角质，黄褐色。

分布于浙江以南沿海；栖息于浅海水深 10~100 m 的沙质海底。

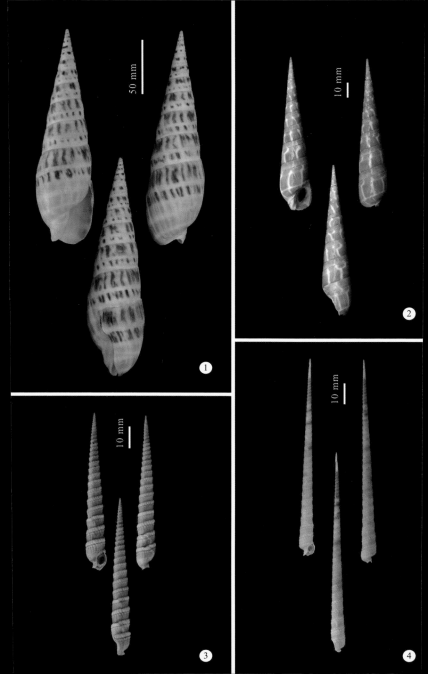

❶ 锯齿笋螺 *Terebra crenulata* (Linnaeus, 1758)

贝壳尖锥形, 壳长约 105 mm; 壳面黄褐色或肉色, 饰有红褐色小斑点组成的色带; 缝合线下方具 1 列结节突起, 突起间饰有纵走的褐色细线纹; 壳口半圆形; 厣角质, 褐色。

分布于台湾、西沙群岛和南沙群岛; 栖息于低潮线至数米的沙或砂砾质海底。

小塔螺科 Pyramidellidae Gray, 1840

❷ 高捻塔螺 *Monotygma eximia* (Lischke, 1872)

贝壳小, 壳长约 9 mm; 螺旋部高起; 壳面黄褐色或灰褐色, 刻有粗细均匀的低平的螺肋, 肋间沟窄; 壳口卵圆形。

分布于黄海、东海、南海; 栖息于潮间带至潮下带浅水区的沙质海底。

❸ 胖小塔螺 *Milda ventricosa* (Guérin, 1831)

壳长约 30 mm; 螺旋部圆锥形, 体螺层膨圆; 壳面光滑, 灰白色, 紫色或褐色花纹连成螺带; 壳口小, 外唇内面具肋状齿, 轴唇具 3 个褶襞, 最上方者最发达; 绷带细肋状, 脐孔小。

分布于海南; 栖息于潮间带至潮下带水深 10 m 左右的沙质海底。

❹ 沟小塔螺 *Pyramidella sulcata* (A. Adams, 1854)

贝壳尖锥形, 壳长约 35 mm; 螺旋部高, 缝合线沟状; 壳面白色, 光滑, 具纵行的黄褐色斑纹; 壳口小, 外唇薄, 内面具肋齿, 轴唇具 3 个褶襞; 无脐孔。

分布于台湾和西沙群岛; 栖息于潮间带沙滩至浅海泥沙质海底。

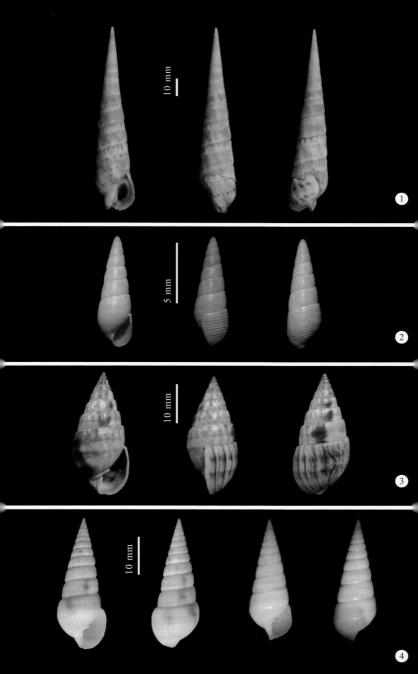

① 猫耳螺 *Otopleura auriscati* (Holten, 1802)

壳长约 30 mm；螺旋部圆锥形；壳面具发达的纵肋，纵肋在螺层上方肩部略形成结节；壳口较小，轴唇上具 3 个褶襞，以上方者最大；无脐孔。

分布于台湾和海南；栖息于潮间带至潮下带水深约 20 m 的珊瑚礁间。

② 头巾猫耳螺 *Otopleura mitralis* (A. Adams, 1854)

贝壳长卵圆形，壳长约 14 mm；壳面具光泽，具明显的纵肋，纵肋在体螺层背面近壳口处消失；贝壳白色，饰有棕色斑纹，在体螺层背面多连成片；壳口较窄，外唇内面具细肋齿，轴唇具 3 个褶襞；无脐孔。

分布于台湾和西沙群岛；栖息于潮间带至浅海岩礁间。

愚螺科 Amathinidae, Ponder, 1987

③ 三肋愚螺 *Amathina tricarinata* (Linnaeus, 1767)

贝壳笠状，壳长约 23 mm；壳顶微卷曲，自壳顶向壳缘放射出 3~4 条发达的龙骨突起和弱的放射肋；壳面黄白色，外被黄褐色壳皮；壳口广大，内光滑。

分布于台湾和舟山群岛以南沿海；附着在浅海岩石或其他贝壳上生活。

捻螺科 Acteonidae d'Orbigny, 1843

④ 华贵红纹螺 *Bullina nobilis* Habe, 1950

贝壳卵圆形，壳质薄而脆，壳长约 17 mm；螺旋部底，体螺层膨大；贝壳白色，饰有红色的螺带和纵走色带；壳面具低平的细螺肋，肋间刻有格纹；壳口内可透见壳表雕刻和花纹，轴唇白色，稍扭曲。

分布于东海；栖息于潮下带水深 10~100 m 的沙质海底。

1

10 mm

2

5 mm

3

5 mm

4

5 mm

枣螺科 Bullidae Gray, 1827

❶ 壶腹枣螺 *Bulla ampulla* Linnaeus, 1758

　　贝壳卵球形，壳质较坚实，壳长约 53 mm；螺旋部卷入体螺层内，壳顶中央具 1 个圆形小孔；壳面灰褐色，杂有深褐色斑点，有的聚集成块；壳口上部窄，下部扩张而宽圆，内唇滑层白色。

　　分布于台湾和广东以南沿海；栖息于潮间带至浅海岩石下或海藻间。

❷ 枣螺 *Bulla vernicosa* Gould, 1859

　　贝壳卵圆形，壳质较厚，壳长 30~40 mm；螺旋部卷入体螺层内，壳顶中央具 1 个小而深的凹穴；壳面多黄褐色，具大块的深褐斑，并杂有白色小斑点；壳口长与壳长近等，上部窄，下部扩张而宽圆，内唇滑层白色。

　　分布于台湾和广东以南沿海；栖息于潮间带至浅海岩石下、海藻或珊瑚礁间。

阿地螺科 Atyidae de Haan, 1849

❸ 泥螺 *Bullacta caurina* (Benson, 1842)

　　贝壳近卵球形，壳质薄，壳长约 20 mm；体螺层膨大，为贝壳之全长；壳面黄白色，具精细的格子状雕刻；壳口广大，下部较上部扩张，轴唇弯曲；动物软体部不能完全缩入壳内，可包被大部分贝壳。

　　分布于我国沿海，以东海产量最大；栖息于潮间带至浅海泥沙质海底。

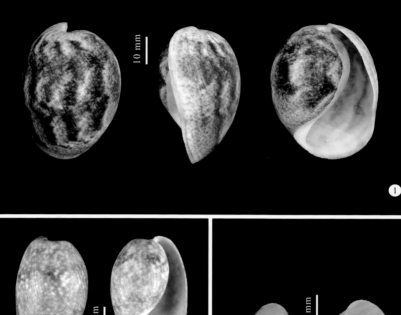

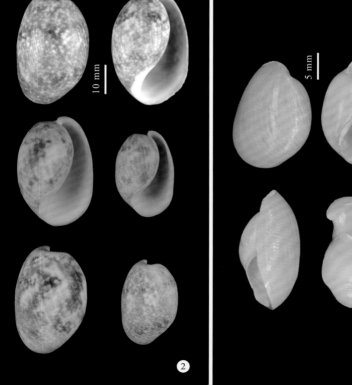

耳螺科 Ellobiidae L. Pfeiffer, 1854

❶ 中国耳螺 *Ellobium chinense* (L. Pfeiffer, 1855)

贝壳长卵圆形, 壳长约 32 mm; 壳顶钝圆, 体螺层高大; 壳面具细密的布纹状雕刻, 外被褐色壳皮; 壳口长, 上窄下宽, 外唇中部厚, 轴唇上具 2 枚较强的齿。

分布于浙江、台湾、广东、广西和海南; 栖息于有淡水注入的高潮线附近及红树丛林中。

❷ 核冠耳螺 *Cassidula nucleus* (Gmelin, 1791)

壳质较厚, 壳长约 20 mm; 壳面褐色, 刻有细螺纹, 体螺层上饰有 3~4 条黄白色螺带, 有的个体不明显; 壳口近耳形, 外唇厚, 紫红色, 内缘上部具 1 个缺刻, 内唇上具 3 枚齿。

分布于台湾和海南; 栖息于高潮线附近的红树林内。

❸ 赛氏女教士螺 *Pythia cecillei* (Philippi, 1847)

贝壳卵圆形, 壳质较薄, 壳长约 25 mm; 壳面可见深褐色螺带, 外被黄褐色的壳皮; 壳口窄, 外唇内缘具 1 条纵脊, 其上生有大小不等的齿, 内唇具 3 枚强的齿。

分布于广东和广西; 栖息于高潮线附近。

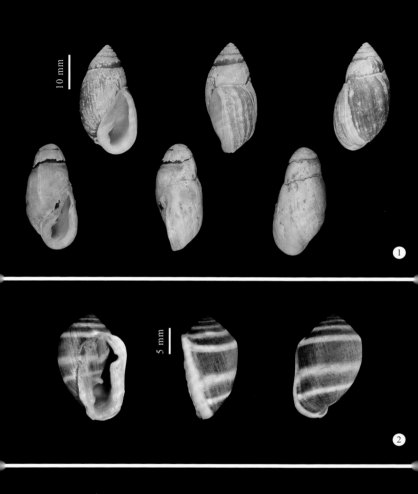

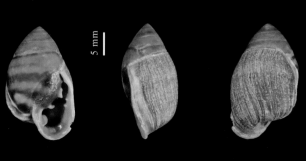

菊花螺科 Siphonariidae Gray, 1827

❶ 黑菊花螺 *Siphonaria atra* Quoy & Gaimard, 1833

贝壳低笠状,壳口长约 25 mm;壳表具数条粗细相间的放射肋,肋的末端超出贝壳边缘,参差不齐;壳面黑褐色,放射肋颜色浅;壳内肌痕黑褐色,水管出入处凹沟发达。

分布于台湾和福建以南沿海;栖息于高潮区的岩石上。

❷ 日本菊花螺 *Siphonaria japonica* (Donovan, 1834)

贝壳笠状,壳口长约 20 mm;壳面粗糙,壳顶部颜色深;自壳顶向周缘射出的放射肋颜色浅,具皱纹而不光滑;壳内周缘淡褐色,肌痕黑褐色,水管出入凹沟较发达。

分布于我国南北沿岸;栖息于高潮区岩石上。

❸ 蛛形菊花螺 *Siphonaria sirius* Pilsbry, 1894

贝壳较低平,笠状,壳口长约 17 mm;壳面黑褐色,具 6~9 条白色的粗放射肋,肋间具细肋;壳内黑褐色,放射肋和肌痕色浅,水管出入处具 1 个凹沟。

分布于台湾和福建以南沿海;栖息于高潮区岩石上。

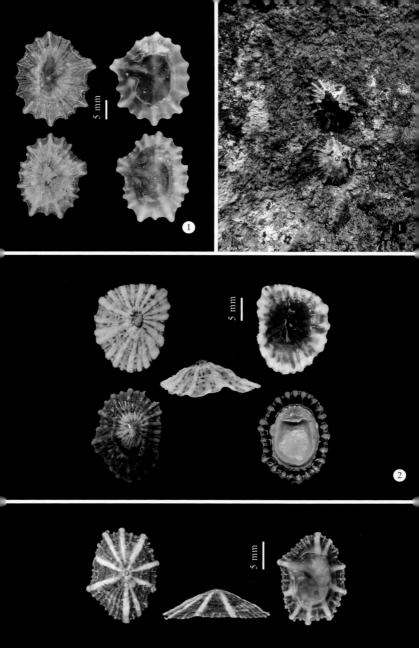

掘足纲 Scaphopoda Bronn, 1862

角贝科 Dentaliidae Children, 1834

① **大缝角贝** *Pictodentalium vernedei* (Hanley in G. B. Sowerby II, 1860)

壳长可达 100 mm 以上,为本科中个体最大者,壳质较厚;壳面黄白色,有时具宽窄不等的黄褐色环带;壳表刻有细纵肋;壳口圆,向壳顶逐渐变细,壳顶端具 1 个裂缝。

分布于东海和南海;栖息于浅海至百米左右的泥沙质海底。

② **半肋安塔角贝** *Antalis weinkauffi* (Dunker, 1877)

壳长约 80 mm;壳面灰色或黄白色,具粗细不均的细纵肋,纵肋在上部明显,近壳口处变弱或消失;壳口呈圆形,壳顶较细,顶端具 1 个裂缝。

分布于东海和南海;栖息于从浅海至较深的沙或泥沙质海底。

③ **变肋角贝** *Dentalium octangulatum* Donovan, 1804

壳长约 40 mm;壳面白色,通常具 6~8 条较强的棱角形纵肋,肋间具细纵纹和细环纹;贝壳顶端腹面具浅的 "V" 字形缺刻;壳口近 6~8 角形。

分布于东海和南海;通常栖息于潮下带浅海至百余米的泥沙或软泥质海底。

10 mm

①

10 mm

②

10 mm

③

双壳纲 Bivalvia Linnaeus, 1758

吻状蛤科 Nuculanidae H. Adams & A. Adams, 1858

❶ 醒目云母蛤 *Yoldia notabilis* Yokoyama, 1922

贝壳侧扁，壳质薄脆，壳长约 35 mm；壳顶低平，近中央，前端圆，后端尖，微上翘；壳皮黄褐色，壳表同心生长纹与斜行纹相交；前后齿列细；外套窦深。

分布于黄海；栖息于水深 100 m 以内的软泥质海底。

❷ 凸云母蛤 *Yoldia serotina* (Hinds, 1843)

贝壳长卵圆形，壳质较厚，壳长约 14 mm；两壳较膨胀，壳顶微凸；壳面被有淡黄色壳皮，生长纹粗而低平；壳内白色，前齿列具约 27 枚齿，后齿列约 21 枚。

分布于北部湾和南沙群岛；栖息于水深 13~27 m 的海底。

蚶科 Arcidae Lamarck, 1809

❸ 布氏蚶 *Arca boucardi* Jousseaume, 1894

壳长约 52 mm；前端短圆，后端延长，斜截形；两壳顶相距远，壳顶到后腹角具 1 条放射脊；壳表放射肋细密，外被棕色壳皮和壳毛；铰合部直而狭长。

分布于我国沿海；栖息于数十米水深的石砾和岩礁上。

❹ 舟蚶 *Arca navicularis* Bruguière, 1789

壳长约 50 mm；贝壳白色，具棕色花纹；背腹缘平行，腹面中央微陷；壳表放射肋不均匀，中部者较弱；中前部的肋间沟内生有细的放射线，后部者沟内具横隔，肋上有结节。

分布于浙江南麂岛以南；栖息于潮间带至水深约 51 m 的岩礁间。

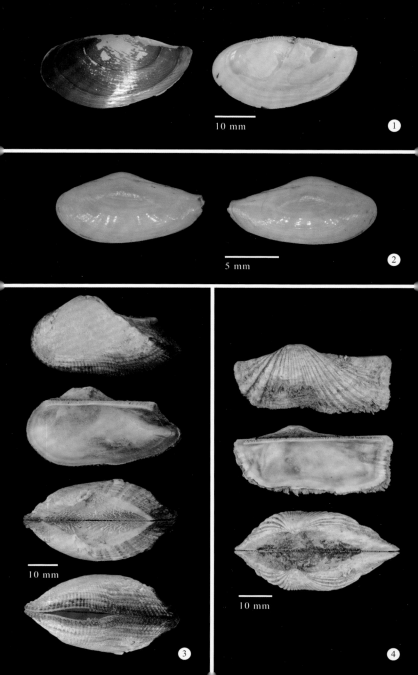

1　10 mm

2　5 mm

3　10 mm

4　10 mm

① 偏胀蚶 *Arca ventricosa* Lamarck, 1819

贝壳近长方形，壳前部宽短而膨胀，壳长 68~100 mm；壳顶突出，位于前 1/2 处；自壳顶至后腹缘具 1 条粗钝的放射脊；壳面黄褐色，生有放射肋和间肋，与同心纹相交成结节；壳口内黄白色，后部具大块棕色斑；铰合部狭长且直，铰合齿细密；足丝孔大。

分布于台湾、海南岛和西沙群岛；栖息于潮间带至浅海，以足丝附着于岩礁间。

② 棕蚶 *Barbatia amygdalumtostum* (Röding, 1798)

贝壳近椭圆形，壳质较厚，壳长 45~60 mm；壳顶低，前倾；壳前端圆，后部宽；壳表密布细弱的放射线，与生长线相交形成粒状突起；壳皮褐色，在前、后和边缘区常形成鬃毛状；壳内灰白色或浅褐色，铰合齿中间者小两端者大。

分布于福建、广东、海南和西沙群岛；以足丝附着于潮间带岩石上和珊瑚礁上生活。

③ 布纹蚶 *Barbatia grayana* Dunker, 1867

贝壳较扁平，壳长 46~57 mm；壳面白色，外被棕褐色壳皮和壳毛；壳表细密的放射肋和生长纹相交织呈布纹状；壳口内面白色，铰合部两端的齿较大而稀，中间者小而密；闭壳肌痕明显。

分布于广东；栖息于潮间带及潮下带浅水区。

④ 青蚶 *Barbatia obliquata* (Wood, 1828)

贝壳长卵圆形，前部小而圆，后部长而扩张，壳长约 40 mm；壳顶位于前端近 1/4 处；腹缘中前部足丝孔处凹陷；壳面略呈绿色，外被棕色壳皮，放射线细密；壳内前、后肌痕圆形，前者小；铰合齿数目多，中间者极细小，前、后端者大。

分布于浙江以南沿海；栖息于岩相潮间带至数十米深的浅水区，以足丝附着生活。

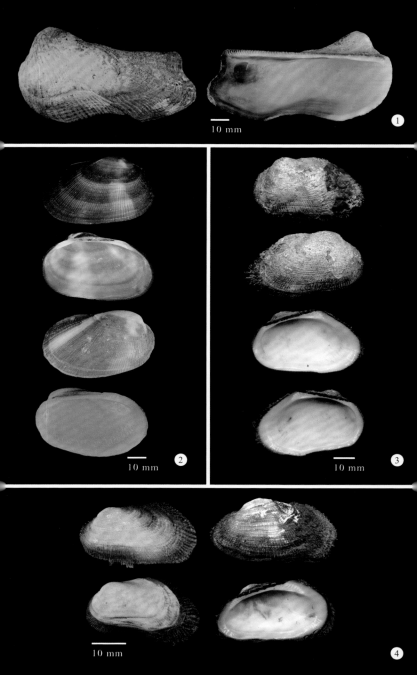

① **鳞片扭蚶** *Trisidos kiyonoi* (Kuroda, 1931)

　　壳长 45~78 mm；两壳扭曲，稍不同形，左壳自壳顶向后腹缘具 1 条钝圆的放射脊，将壳面分成两个平面；壳面具细的放射肋和棕色壳皮；铰合部细长。

　　分布于台湾和福建以南沿海；栖息于浅海水深 14~39 m 的沙质海底。

② **扭蚶** *Trisidos tortuosa* (Linnaeus, 1758)

　　贝壳近似鳞片扭蚶，壳长约 95 mm；但本种左壳的放射脊尖锐，放射脊前方壳面刻有细密的放射肋，后方的极弱；铰合部单薄。

　　分布于福建、广东、海南；栖息于潮间带至浅水区的沙质海底。

③ **半扭蚶** *Trisidos semitorta* (Lamarck, 1819)

　　壳长约 100 mm；两壳半扭曲；左壳的放射脊较鳞片扭蚶和扭蚶钝圆；壳表放射肋间多具 1 条细的次生肋，与生长线相交形成隔纹；棕褐色壳皮易脱落，壳面黄白色；铰合部宽厚，铰合齿中间者小，前、后者较大。

　　分布于台湾、南海；栖息于水深 24~30 m 的海底。

④ **古蚶** *Anadara antiquata* (Linnaeus, 1758)

　　壳长约 66 mm；贝壳膨胀，壳顶较钝；壳面具较宽平的放射肋约 34 条，每条由 2 条细肋并成，放射肋间沟窄于肋宽；外被深褐色壳皮，较厚，但壳顶处易于脱落；壳内面黄色，壳缘具缺刻；铰合部直，齿呈片状。

　　分布于台湾、广东、海南岛和西沙群岛；栖息于潮下带浅水区沙质海底。

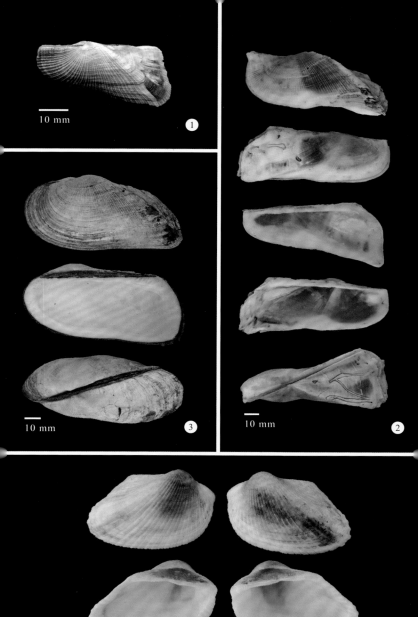

10 mm

1

10 mm

3

10 mm

2

10 mm

4

① 夹粗饰蚶 *Anadara vellicata* (Reeve, 1844)

壳长约 75 mm；壳质较薄；壳顶低平，中部微下陷；壳的前部窄，后部大而扩张，末端斜截形；壳面放射肋低而平，壳顶到后腹角的放射脊之前的每条肋的中央具 1 条纵沟；壳皮厚，经常脱落；铰合部中间窄，前、后端稍宽。

分布于南海；栖息于潮下带水深 5~30 m 的浅水区。

② 联珠蚶 *Anadara consociata* (E. A. Smith, 1885)

贝壳椭圆形，壳长约 38 mm；壳顶突出，向内向前卷曲；放射肋约 25 条，有的个体肋上具尖的结节，大个体的肋上较平，仅见生长线痕迹；铰合部直，约具 50 个大小较均匀的铰合齿。

分布于南海；栖息于潮下带水深 5~86 m 的泥沙质海底。

③ 魁蚶 *Anadara broughtonii* (Schrenck, 1867)

壳长约 85 mm；贝壳较膨胀，左壳稍大于右壳；壳表有宽而平滑的放射肋约 42 条；表面白色，外被棕色壳皮和棕黑色壳毛；壳内缘具锯齿状缺刻；铰合部狭长，具 1 列细密的小齿。

分布于渤海、黄海和东海；栖息于水深约数十米的软泥质海底。

④ 毛蚶 *Anadara kagoshimensis* (Tokunaga, 1906)

壳长约 56 mm；较膨胀，两壳不等；壳顶突出，位于中央之前；壳表具规则的放射肋 31~34 条，肋间沟刻有生长纹；壳表白色，外被棕色壳皮和壳毛；铰合部直，铰合齿细密。

分布于我国沿海；栖息于潮下带浅水区的软泥质海底。

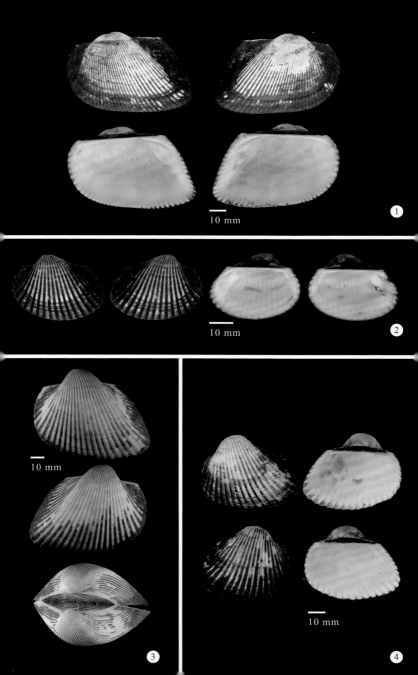

10 mm

10 mm

10 mm

10 mm

10 mm

1

2

3

4

1 球蚶 *Anadara pilula* (Reeve, 1843)

壳长约 32 mm；壳质较厚，两壳极膨胀，不等，左壳稍大于右壳；壳顶非常突出；韧带面宽短，菱形；壳面具 24~27 条放射肋；整壳面布有褐色壳皮，肋间沟具壳毛；壳内缘具缺刻。

分布于台湾、南海；栖息于潮下带浅水区的泥质海底。

2 泥蚶 *Tegillarca granosa* (Linnaeus, 1758)

壳长约 35 mm；壳质较厚，两壳膨胀；壳面具放射肋 16~18 条，较粗壮，肋上具明显的结节，肋间距与肋宽近等；壳面白色，壳皮薄，棕色；壳内灰白色，壳内缘齿强壮。

分布于我国沿海；栖息于潮间带泥滩。

帽蚶科 Cucullaeidae Stewart, 1930

3 粒帽蚶 *Cucullaea labiata* (Lightfoot, 1786)

壳长约 80 mm；贝壳大而膨胀，壳质较薄；前端圆，后端斜；壳面土黄色，外被棕色壳皮；壳表细密的放射肋与生长纹交织成布纹状；自壳顶向后腹缘具 1 个突出的棱角；壳内具 1 个斜行的片状隔板；铰合部窄长，两端铰合齿较大。

分布于南海；栖息于水深 20~50 m 的沙或泥沙质海底。

蚶蜊科 Glycymerididae Dall, 1908

4 衣蚶蜊 *Glycymeris aspersa* (Adams & Reeve, 1850)

贝壳近圆形，壳高约 35 mm；壳质坚厚；壳顶较尖；壳面白色，杂有褐色斑纹；外被淡黄褐色绒毛状壳皮；壳表具低平的放射肋和生长纹；壳内缘具较强的齿状缺刻；铰合部弧形，前后各具铰合齿约 10 个。

分布于台湾、福建、广东和南海；栖息于水深 12~74 m 的沙质海底。

1

10 mm

2

10 mm

3

10 mm

4

10 mm

❶ **安汶圆扇蚶蜊** *Tucetona pectunculus* (Linnaeus, 1758)

壳长约 41 mm, 壳质坚厚; 壳顶尖; 壳面放射肋粗壮, 肋上具生长线形成的横向刻纹; 贝壳白色, 杂有褐色小斑纹和大的斑块; 壳内面白色, 具褐色斑块; 铰合部宽厚, 弧形, 铰合齿在壳顶前方约 12 个, 后方约 15 个。

分布于台湾和西沙群岛; 栖息于潮间带至水深约 40 m 处的碎贝壳和珊瑚碎块中。

贻贝科 Mytilidae Rafinesque, 1815

❷ **紫贻贝** *Mytilus galloprovincialis* Lamarck, 1819

贝壳楔形, 壳长约 90 mm; 壳质较薄; 表面黑褐或紫褐色, 生长纹明显; 壳内面灰蓝色具光泽, 闭壳肌痕及外套痕较明显; 铰合部窄, 具 2~5 个粒状小齿。

分布于我国沿海, 北方沿海较常见; 栖息于低潮带至水深 10m 左右的浅海, 以足丝附着在岩石或其他物体上生活。

❸ **厚壳贻贝** *Mytilus coruscus* Gould, 1861

贝壳大而重厚, 楔形, 壳长可达 140 mm; 壳顶较尖细; 壳表粗糙, 栗色, 生长纹细密; 壳内浅灰蓝色, 闭壳肌痕较明显; 铰合部窄, 具 2 个不发达的小齿。

分布于辽宁至福建沿海; 栖息于潮间带至水深约 20 m 处, 以足丝附着在岩石上生活。

❹ **翡翠股贻贝** *Perna viridis* (Linnaeus, 1758)

壳形近似于厚壳贻贝, 但本种壳质较前种薄, 壳长约 100 mm; 贝壳前端尖, 多向腹缘弯; 壳面光滑, 通常翠绿色或绿褐色; 幼体色彩较鲜艳; 壳内面白色, 无前闭壳肌痕, 左壳具 2 个铰合齿, 右壳 1 个。

分布于浙江以南沿海; 栖息于低潮线附近至水深约 20 m 处, 以足丝附着在水流通畅的岩石上生活。

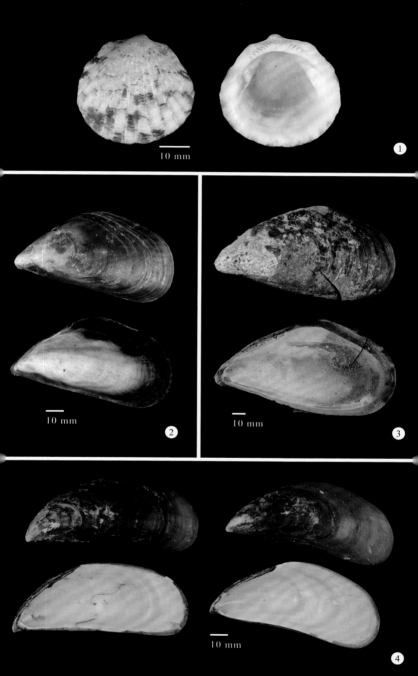

10 mm

1

10 mm

2

10 mm

3

10 mm

4

❶ 隔贻贝 *Septifer bilocularis* (Linnaeus, 1758)

　　壳长约 50 mm；壳质坚厚；壳表刻有细的放射肋，壳后端常具稀疏的黄色壳毛；壳面蓝绿色，杂有红褐色或白色斑点；壳内青蓝色，壳顶部下方具 1 个三角形的白色小隔板，铰合齿为颗粒状。

　　分布于广东以南沿海；群栖于潮间带至低潮线附近的岩礁等物体上。

❷ 隆起隔贻贝 *Septifer excisus* (Wiegmann, 1837)

　　壳长约 42 mm；两壳膨凸，壳质厚；壳表刻有放射细肋，肋上生有小颗粒；壳面紫褐色，有的壳后端被有稀疏的壳毛；壳内蓝紫色，闭壳肌痕明显；壳内缘具锯齿状缺刻；壳顶下方具 1 个白色的小隔板；足丝孔细长。

　　分布于浙江以南沿海；群栖附着在潮间带的岩礁上。

❸ 条纹隔贻贝 *Mytilisepta virgata* (Wiegmann, 1837)

　　贝壳前端尖细，后端宽圆，略呈楔形，壳长约 50 mm；壳面紫褐色，密布放射状细肋，顶部色浅；壳内灰蓝色，壳顶下方具 1 个三角形的白色小隔板，闭壳肌痕明显；铰合部窄，具 1~3 个小突起。

　　分布于浙江以南沿海；附着生活在潮间带中、低潮区岩石及贝壳等物体上。

❹ 凸壳肌蛤 *Arcuatula senhousia* (Benson, 1842)

　　壳长约 28 mm；壳质较薄；壳顶凸圆，不位于前端，偏向背缘；壳表前、后区具放射纹，中区平滑；壳面绿褐色，饰有红褐色波状花纹；内面花纹与表面近同，铰合部具 1 列锯齿状细小缺刻。

　　分布于我国沿海；在潮间带泥沙滩或泥滩以足丝与泥沙成群黏固在一起生活。

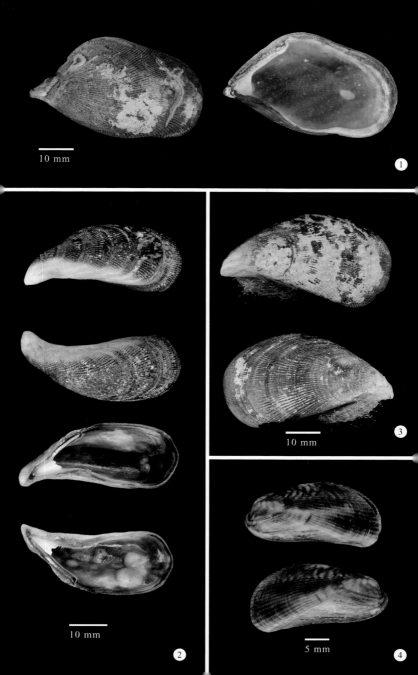

10 mm

10 mm

10 mm

10 mm

5 mm

1

2

3

4

1 光石蛏 *Lithophaga teres* (Philippi, 1846)

贝壳圆柱形，壳长可超过 100 mm；壳顶略偏背缘；壳面平滑具光泽，具深褐色的壳皮；壳表生长纹明显，近腹缘处具许多不连续的纵行细线纹；铰合部无齿。

分布于广东以南沿海；栖息于潮间带至浅海，穴居于珊瑚礁、岩石以及较大的贝壳中。

2 金石蛏 *Lithophaga zitteliana* Dunker, 1882

贝壳圆柱状，壳长约 70 mm；壳质薄；壳表平滑具光泽，生长纹细密，无放射肋；外被金黄色的壳皮；铰合部无齿。

分布于我国南部沿海；在珊瑚礁区营穴居生活。

3 锉石蛏 *Leiosolenus lima* (Jousseaume in Lamy, 1919)

贝壳近圆柱形，壳长 25~65 mm；前端圆凸，后端较宽扁，在背缘中部具 1 个低的钝角；壳面黄褐色，通常被有石灰质的外膜，外膜在壳后端加厚且粗糙；壳内浅灰蓝色，闭壳肌痕不显，韧带细长。

分布于福建以南沿海；穴居于低潮线附近石灰石或活珊瑚体中。

4 黑荞麦蛤 *Xenostrobus atratus* (Lischke, 1871)

贝壳小，略呈三角形；壳长约 15 mm；壳顶突出，位于近前端；壳腹缘凹陷，背缘弧形，后端圆；壳表黑色或黑褐色，生长线细密且明显。贝壳内面银灰或黑灰色，肌痕较明显，前肌痕小，位于壳顶下方近腹缘处，后肌痕较大，位于后部近背缘处。铰合部无齿；韧带长，位于壳顶之后的后背缘。足丝孔小，位于腹缘内陷处，足丝发达。

分布于中国南北沿岸；以足丝附着在潮间带岩礁上生活，个体虽小，但数量较大。

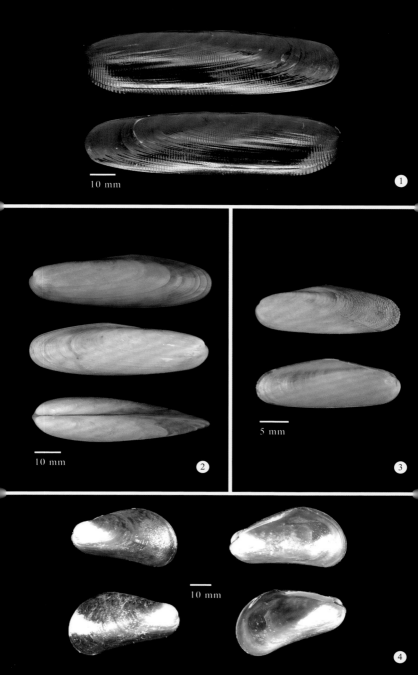

1 **角偏顶蛤** *Modiolus modulaides* (Röding, 1798)

贝壳近三角形,壳长约 70 mm;壳质较薄,壳顶圆,偏于壳背缘;背缘中部具 1 个明显的钝角;壳表黄褐色,在隆起肋的背面生有黄色壳毛;壳内浅灰色,韧带较细。

分布于我国沿海;半埋于低潮线至潮下带浅海的泥沙中,以足丝相互附着在一起生活。

2 **带偏顶蛤** *Modiolus comptus* (G. B. Sowerby III, 1915)

贝壳略呈三角形,壳长 18~40 mm;壳质坚固,两壳膨胀,壳顶近前端;贝壳前端窄圆,后端宽圆;壳面黄褐色,中后部具丛生的壳毛,易脱落;壳内肌痕较明显,铰合部无齿。

分布于广东以北沿海;栖息于潮间带中潮区至潮下带浅海,以足丝附着于岩石等物体上生活。

3 **长偏顶蛤** *Jolya elongata* (Swainson, 1821)

贝壳略呈长方形,壳长约 65 mm;壳质较薄,壳顶突出,位于背缘近前端;背缘长直,在后方近 3/4 处形成 1 个背角;壳面黄褐色;壳内面多呈灰白色;铰合部直长;韧带细长。

分布于我国南北沿海;栖息于低潮线至潮下带百米内的浅海,以足丝与泥沙混合在一起将贝壳包裹起来或半埋在泥沙中生活。

4 **短壳肠蛤** *Botula cinnamomea* (Gmelin, 1791)

贝壳呈短小的圆柱体,壳长约 32 mm;壳顶凸,靠近贝壳前端,微具螺旋;背缘稍弧形,腹缘凹;壳面褐色;内面具珍珠光泽;铰合部无齿。

分布于南海;终生穴居于潮间带中潮区至浅海的珊瑚礁及石灰石中。

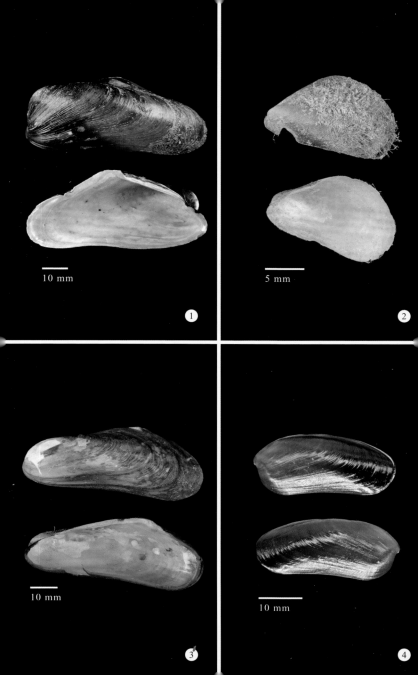

1

10 mm

5 mm

10 mm

10 mm

2

3

4

江珧科 Pinnidae Leach, 1819

① 栉江珧 *Atrina pectinata* (Linnaeus, 1767)

贝壳近三角形，壳长可达 335 mm；两壳不能完全闭合，后端具开口，背缘全长为铰合齿；壳表具数条细的放射肋，肋上生有三角形小棘刺，较老的个体放射肋和棘刺不明显；壳色有变化，老的个体颜色较深；壳内面闭壳肌痕和外套痕明显，珍珠层在壳内前半部较厚，近壳缘处消失。

分布于我国南北沿海；附着和半埋栖生活于潮下带百米内的浅海泥沙质海底。

② 旗江珧 *Atrina vexillum* (Born, 1778)

贝壳大，近扇形，体长可达 500 mm；壳质较厚重；前端尖细，后端极宽大；壳表放射肋较细弱，其上具稀疏的小棘刺；壳面黑褐色；内面平滑具珍珠光泽，有的具暗绿色花纹；两闭壳肌痕不等，后闭壳肌大。

分布于福建以南沿海；在低潮线附近以壳顶插入泥沙中营半埋栖生活。

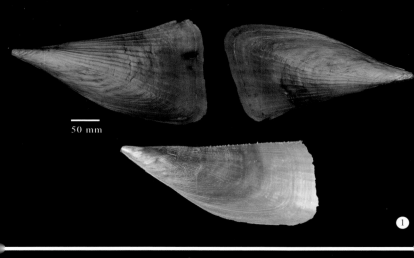

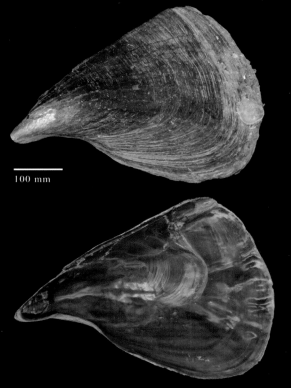

❶ 多棘裂江珧 *Pinna muricata* Linnaeus, 1758

贝壳三角形，壳长约 130 mm；壳质较薄，壳顶尖细，位于最前端，后端宽，呈截形；自壳顶沿壳面中部具 1 条较直的裂缝；壳表刻有细的放射肋，其上具许多小鳞片；壳面黄褐色；壳内面颜色较浅，闭壳肌痕明显。

分布于海南岛和西沙群岛；半埋栖于低潮线附近的沙或泥沙质浅海。

❷ 二色裂江珧 *Pinna bicolor* Gmelin, 1791

贝壳近细长三角形，壳长可达 300 mm；壳前端细长，后端斜圆；壳表刻有细弱的放射肋约 6 条；壳面土黄色；内面红褐色，前半部珍珠层明显，铰合部无齿，韧带沿整个背缘。

分布于福建以南沿海；栖息于低潮线至数十米水深的浅海，以壳顶插入泥沙中靠足丝附着在砂砾上生活。

❸ 紫裂江珧 *Pinna atropurpurea* G. B. Sowerby I, 1825

贝壳略呈三角形或近扇形，壳长 160~350 mm；壳前端尖，后端较宽圆；壳面较凸，中央裂痕明显，位于前半部；放射肋较弱；贝壳呈褐色，近壳顶部颜色较浅；壳内前闭壳肌痕小，后闭壳肌痕明显；铰合部无齿，韧带细长。

分布于福建东山以南；栖息于低潮线附近，以贝壳顶端插入泥沙中穴居生活。

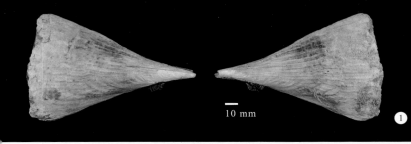

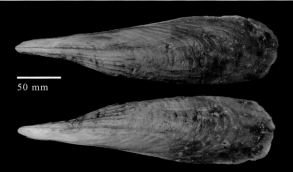

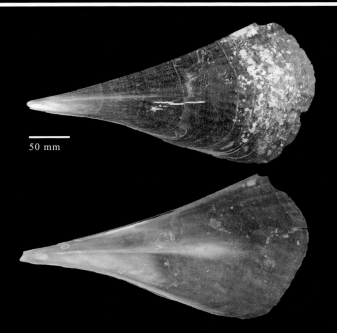

珍珠贝科 Pteriidae Gray, 1847

❶ 马氏珠母贝 *Pinctada fucata* (A. Gould, 1850)

壳长约 90 mm；两壳稍不等；壳顶的前、后方具耳状突起；背缘直，腹缘圆形；壳面黄褐色，具数条深色的放射线；同心生长纹呈片状；壳内面珍珠层厚，银白色具光泽；铰合部直，具小齿；闭壳肌痕大且明显；韧带细长。

分布于台湾和福建以南沿海；栖息于潮下带浅水区。

❷ 大珠母贝 *Pinctada maxima* (Jameson, 1901)

贝壳大，圆方形；壳质厚重，壳长可超过 300 mm；背缘较直，腹缘圆；前耳小，后耳不明显；壳面黄褐色，具覆瓦状的鳞片；壳顶周围颜色较深；壳内珍珠层极厚，具光泽；闭壳肌痕大；铰合部无齿；韧带宽。

分布于台湾和广东以南沿海；栖息于海流通畅的潮下带浅海的沙或石砾质海底。

❸ 珠母贝 *Pinctada margaritifera* (Linnaeus, 1758)

贝壳近圆形，壳长 85~140 mm；背缘较直，腹缘圆形；前、后耳小；壳面黑褐色，具灰白色的放射带，排有同心鳞片；壳内银白色，具光泽，周缘黑褐色；肌痕明显；铰合部无齿；韧带长。

分布于台湾和广东以南沿海；以足丝附着在低潮线至潮下带浅水区的岩石或珊瑚礁上生活。

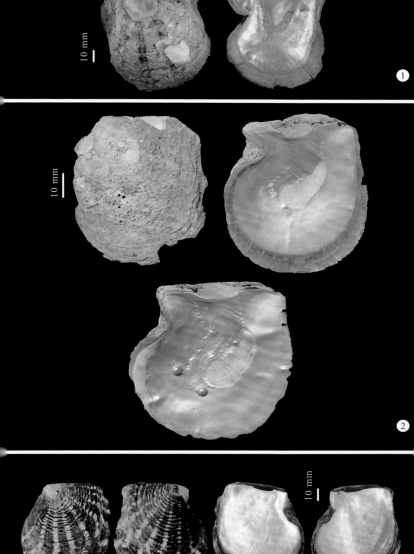

① **企鹅珍珠贝** *Pteria penguin* (Röding, 1798)

贝壳斜卵圆形，壳长可达 135 mm；贝质较厚；两壳不等；背缘直，前缘和后缘斜向后方；两耳发达，后耳长；壳面黑褐色，具浅色放射细纹；生长轮脉覆瓦状排列；壳内珍珠层厚具光泽；闭壳肌痕大；铰合部长。

分布于台湾和广东以南沿海；栖息于潮下带至较深的水域，以足丝附着在岩礁上生活。

② **鹌鹑珍珠贝** *Pteria maura* (Reeve, 1857)

贝壳飞燕形，壳长 20~50 mm；壳质较薄；前耳小，后耳长短有变化；腹缘斜向后方；壳面黄褐色，具波状花纹，生长鳞片细密；壳内面淡蓝白色，具珍珠光泽，周缘黄褐色；闭壳肌痕位于近中部后缘；铰合部细长，具颗粒状齿。

分布于台湾和广东以南沿海；栖息于潮下带 200 m 以内的泥沙、碎石及贝壳质海底。

③ **中国珍珠贝** *Pteria chinensis* (Leach, 1814)

贝壳飞燕形，壳长约 75 mm；壳质薄；两壳不等，前耳小，后耳大，前缘斜向后方，后缘与后耳间凹入；壳面黄褐色，棘刺状鳞片呈放射状排列；壳内珍珠层区大，边缘黄褐色；闭壳肌痕大；铰合部直长，具脊状小突起。

分布于东海、广西和海南岛；栖息于潮下带 100 m 以内的浅海，以足丝附着于岩石或珊瑚礁等物体上生活。

钳蛤科 Isognomonidae Woodring, 1925

④ **钳蛤** *Isognomon isognomum* (Linnaeus, 1758)

壳形不规则，多呈长方形或舌形，壳高 70~120 mm；壳顶弯曲呈喙状，背缘长短有变化；壳面多呈蓝紫色，壳顶部灰色，表面粗糙，生有不规则的生长鳞片；壳内面银灰色至灰紫色；铰合部宽大；韧带沟纵条状，平行排列。

分布于台湾、海南岛和西沙群岛；在低潮线附近营附着生活。

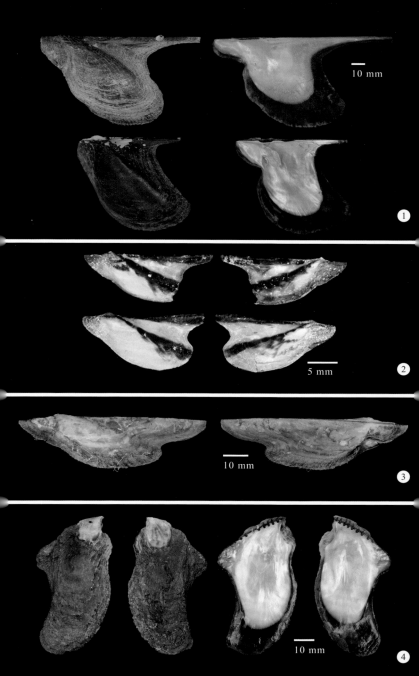

10 mm

1

5 mm

2

10 mm

3

10 mm

4

1 细肋钳蛤 Isognomon perna (Linnaeus, 1767)

贝壳呈扁平圆形, 壳长约 35 mm; 通常左壳大而厚, 右壳小而薄; 壳面土黄色, 具褐色放射线和粗糙的同心鳞片层; 壳内银灰色, 具珍珠光泽; 闭壳肌痕弯月形; 铰合面宽, 无齿; 韧带槽约 6 个。

分布于台湾和广东以南沿海; 以足丝附着在潮间带至浅海岩石和珊瑚礁上生活。

2 豆荚钳蛤 Isognomon legumen (Gmelin, 1791)

壳长约 30 mm; 壳形变化大, 有的粗短, 有的细长, 壳质较薄; 左壳突厚, 右壳平薄, 多扭曲; 壳面土黄色, 同心鳞片明显; 壳内面银白色具光泽; 闭壳肌痕明显; 铰合面斜而宽, 具 4~6 个韧带槽。

分布于东海和南海; 附着生活于潮间带。

3 扁平钳蛤 Isognomon ephippium (Linnaeus, 1758)

贝壳极扁平, 壳长 50~145 mm; 背缘较直, 腹缘圆; 壳面深紫色, 生长鳞片排列不规律; 无放射线; 壳内灰蓝褐色, 具珍珠光泽; 闭壳肌多呈长椭圆形; 铰合面宽大, 5~21 个韧带槽平行排列。

分布于台湾和广东以南沿海; 附着生活于低潮线附近的岩礁上。

4 方形钳蛤 Isognomon nucleus (Lamarck, 1819)

贝壳近四方形或卵圆形, 壳长约 12 mm, 一般不超过 30 mm; 左壳微凸, 右壳较平; 壳面灰白色, 周缘紫色; 壳后缘和腹缘生长鳞片明显; 壳内淡紫色, 具珍珠光泽; 闭壳肌痕明显; 铰合面较宽, 韧带槽 3~5 个。

分布于台湾和广东以南沿海; 以足丝附着在潮间带石缝间生活。

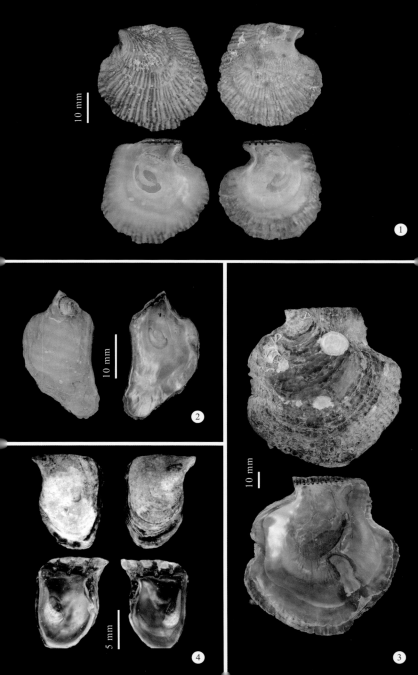

丁蛎科 Malleidae Lamarck, 1818

① 白丁蛎 *Malleus albus* Lamarck, 1819

贝壳"丁"字形，壳高 125~190 mm；壳质厚重；背缘直长，腹缘窄；壳面土黄色，具同心生长轮脉；壳内黄白色，内脏团区域为灰黑色，具珍珠光泽；闭壳肌痕拉长；铰合部具三角形韧带槽。

分布于台湾和广东以南沿海；在低潮线至百米内的浅海，以足丝附着在砂砾上或半埋于泥沙中生活。

扇贝科 Pectinidae Rafinesque, 1815

② 长肋日月贝 *Amusium pleuronectes pleuronectes* (Linnaeus, 1758)

贝壳圆盘形，壳长 80~110 mm；背缘直，腹缘圆形，两耳近三角形；壳面平滑有光泽，左壳浅红褐色，具深褐色的放射线，壳顶部两线之间具小白点，生长线细密；壳内面白色，具细的内肋；闭壳肌痕明显；内韧带槽三角形。

分布于台湾和广东以南沿海；栖息于潮下带泥沙或沙泥质海底。

③ 台湾日月贝 *Amusium japonicum taiwanicum* Habe, 1992

壳长 95~123 mm；左壳红褐色，放射线纹不规律，深色的生长纹细密；两耳紫褐色；右壳平，白色；壳内面白色，周缘黄色，两壳各具成对排列的内肋，在近壳顶部不明显。

分布于台湾和广东外海；栖息于潮下带沙和粗砂质海底。

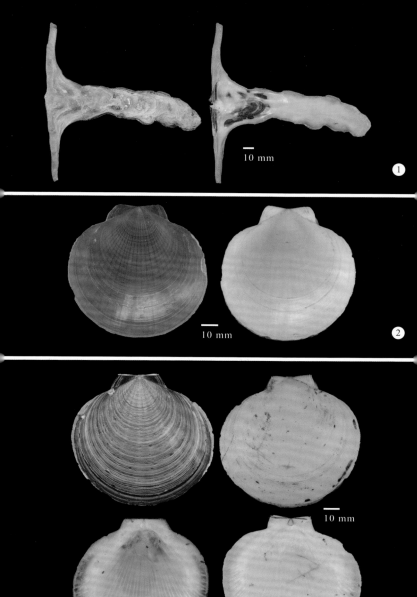

10 mm

10 mm

10 mm

1 栉孔扇贝 *Chlamys farreri* (Jones & Preston, 1904)

贝壳圆扇形，壳长约 85 mm；右前耳下方具足丝孔和小栉齿；壳面放射肋粗糙，肋上通常生有鳞片状棘刺；肋间生有细肋；壳色有变化，多呈红褐色、紫褐色、橘色等；壳内面白色；绞合线直；内韧带发达。

分布于福建以北中国海域；附着生活于潮下带水深 60 m 以内的浅水区。

2 异纹栉孔扇贝 *Laevichlamys cuneata* (Reeve, 1853)

贝壳长扇形，壳长约 22 mm；壳质较薄；右前耳足丝孔大，具小栉齿；壳表放射肋细而多，有的具小棘；壳色有变化，通常杏红色，具黄色和褐色斑点和斑块；壳内色浅，闭壳肌痕略显。

分布于台湾和福建以南沿海；栖息于低潮线至浅海，营附着生活。

3 华贵类栉孔扇贝 *Mimachlamys nobilis* (Reeve, 1852)

贝壳圆扇形，壳长 55~105 mm；右前耳下方足丝孔具小栉齿；壳表具 20 余条放射肋，较粗圆，肋上具小鳞片；壳色有变化，呈黄色、橙色和紫色等多种颜色；壳内多呈浅黄褐色；闭壳肌痕大；铰合部无齿。

分布于台湾和福建以南沿海；附着生活于水深百米左右的岩石、碎石及沙质海底。

❶ 白条类栉孔扇贝 *Mimachlamys albolineata* (G. B. Sowerby II, 1842)

贝壳较小，卵圆扇形，壳长约 22 mm；前耳大，后耳小；左壳壳面饰有蛛网状白色条纹和褐色斑块，右壳颜色浅；壳表放射肋均匀，其上具半圆形生长鳞片；壳内白色，具白色放射线。

分布于台湾和海南岛；栖息于低潮线附近，以足丝附着在岩石、砂砾和珊瑚碎块上。

❷ 荣类栉孔扇贝 *Mimachlamys gloriosa* (Reeve, 1853)

贝壳近圆形，壳长约 53 mm；两耳不等，足丝孔大；壳面淡肉色，稍具光泽，杂有不规则的褐色和橘色斑；放射肋较宽圆，肋上刻有放射细纹和弧形刻纹，两者相交织；壳内白色或褐色。

分布于广东以南沿海；栖息于潮间带至潮下带水深 100 m 左右的泥沙质海底。

❸ 美丽环扇贝 *Annachlamys striatula* (Linnaeus, 1758)

贝壳圆扇形，壳长约 66 mm；足丝孔不明显，无栉齿；两壳颜色和雕刻不同，左壳多呈浅红色，饰有黄白色花纹，放射肋间距较大，右壳黄白色区域较大，放射肋较左壳宽平，肋间距较窄；壳内刻有与壳表相应的放射沟；闭壳肌痕大。

分布于台湾、海南、北部湾和南沙群岛；附着生活于水深 50 m 左右的泥沙、粗砂和碎贝壳质浅海。

❹ 褶纹肋扇贝 *Decatopecten plica* (Linnaeus, 1758)

贝壳扇形，壳长约 38 mm；壳质较厚；两耳三角形，无足丝孔和栉齿；壳表具 5 条粗大的放射肋，肋上和肋间刻有细密的放射线；壳色有变化，左壳平，具深色斑纹，黄白色；右壳稍凸，壳内白色，壳边缘具细缺刻。

分布于台湾和广东沿海；在浅海软泥、沙或碎石质海底营自由生活。

5 mm

10 mm

10 mm

10 mm

① **黄拟套扇贝** *Semipallium wardiana* (Iredale, 1939)

贝壳长圆扇形, 壳长约 25 mm; 右前耳足丝孔具小栉齿; 壳表约具 9 条宽的放射主肋, 主肋上和肋间布满放射细肋; 壳色有变化, 具橘红色、黄色、褐色和深紫色等; 壳内色浅; 闭壳肌痕不明显。

分布于广西和海南沿海; 以足丝附着在低潮线附近的岩石或珊瑚礁上生活。

② **海湾扇贝** *Argopecten irradians* (Lamarck, 1819)

贝壳近圆形, 壳长约 63 mm; 足丝孔较小; 壳面较凸, 两壳不等, 皆具放射肋约 18 条, 肋上具生长小棘; 壳色有变化, 多呈紫褐色、灰褐色或红褐色; 壳内近白色, 闭壳肌痕略显; 铰合部细长。

引进种, 自然分布于大西洋沿岸, 在我国北部沿海已开展大规模人工养殖; 栖息于浅海泥沙质海底。

③ **嵌条扇贝** *Pecten albicans* (Schröter, 1802)

贝壳圆扇形, 壳长可达 100 mm; 两壳不等, 左壳稍小, 略平, 呈红褐色, 约具 10 条宽平的放射肋; 右壳极凸, 呈白色, 约具 10 条放射肋, 且比左壳的略宽; 左壳内浅粉色, 右壳内白色; 闭壳肌痕较大; 铰合部无齿。

分布于黄海、东海; 栖息于浅海泥沙、软泥或细沙质海底。

④ **箱形扇贝** *Pecten pyxidatus* (Born, 1778)

贝壳圆扇形, 壳长约 37 mm; 足丝孔具细栉齿; 左壳平, 稍内凹, 放射肋细密; 右壳极凸, 放射肋较左壳宽; 左壳内浅紫色, 右壳内面白色; 闭壳肌痕大; 铰合部无齿。

分布于福建以南中国近海; 自由生活于潮下带数十米的软泥或沙质海底。

1 虾夷盘扇贝 *Patinopecten yessoensis* (Jay, 1857)

贝壳圆扇形，壳长可达 115 mm；右壳大于左壳；具足丝孔，无栉齿；左壳褐色或红褐色，放射肋较窄；右壳多呈白色，放射肋宽而低平，较左壳者宽；壳内白色，闭壳肌痕大；韧带发达。

自日本引进，在我国北部沿海已开展大规模人工养殖；栖息于浅海数十米水深的沙质海底。

2 拟海菊足扇贝 *Pedum spondyloideum* (Gmelin, 1791)

壳形变化较大，幼体多呈卵圆形，成体近长方形，壳高约 110 mm；两壳不等，左壳小，右壳大；通常无耳，右壳足丝孔较大；壳面灰白色，左壳表面具放射细肋和小棘；壳内灰白色，铰合部宽大，无齿。

分布于台湾和海南岛；栖息于潮下带浅水珊瑚礁区，以足丝附着生活。

海菊蛤科 Spondylidae Gray, 1826

3 厚壳海菊蛤 *Spondylus squamosus* Schreibers, 1793

壳长约 100 mm；壳质坚厚；壳表具约 10 条放射主肋，主肋上生有叶片状棘或磨损；主肋间还具数条细间肋；壳面褐色，肋上的棘乳白色；壳内白色，壳内周缘具黄褐色环带和缺刻；铰合部各具 2 枚大的主齿；韧带槽位于两主齿间。

分布于台湾、广西、海南、西沙群岛和南沙群岛；栖息于潮间带至浅海，以右壳顶固着生活。

① **堂皇海菊蛤** *Spondylus imperialis* Chenu, 1844

贝壳近圆形，壳长 15~55 mm；两壳相等，极凸；右壳固着面小；壳面粉红色或瑰红色，具 5~6 条主放射肋，肋上具许多长短不等的棘刺；主肋间具 2~4 条细肋，其上生有许多小刺；壳内粉白色。

分布于台湾和广东以南沿海；固着生活在低潮线附近至百米左右的岩石或珊瑚礁上。

② **中华海菊蛤** *Spondylus sinensis* Schreibers, 1793

壳长 30~100 mm；壳色有变化，具红色、黄褐色、褐色等；壳表具 6~7 条粗壮的浅色放射肋，肋上生有片状棘，棘的末端常有分歧；壳内白色；铰合部 2 枚主齿发达。

分布于台湾、广西和海南；固着生活于浅海岩礁质海底。

襞蛤科 Plicatulidae Gray, 1854

③ **简易襞蛤** *Plicatula simplex* Gould, 1861

贝壳长扇形，壳长约 14 mm；壳质极厚；壳表具 6~7 条粗壮的放射肋；壳面多呈白色，有的具浅褐色斑点；壳内面白色或浅橘色，周缘具波状褶；闭壳肌痕圆形，位于后缘；铰合齿 2 枚。

分布于广东以南沿海；以右壳顶部固着于潮下带其他物体上生活。

不等蛤科 Anomiidae Rafinesque, 1815

④ **中国不等蛤** *Anomia chinensis* Philippi, 1849

贝壳不规则圆形，壳长 28~40 mm；壳质较薄，半透明；左壳较凸，表面多呈橘红色，右壳较平，颜色浅，壳顶处具 1 个卵圆形足丝孔；铰合部无齿。

分布于我国沿海；在潮间带以足丝附着在岩石、石砾等物体上生活。

1

10 mm

2

10 mm

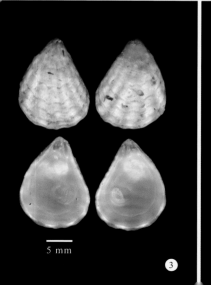

3

5 mm

4

5 mm

❶ 难解不等蛤 *Enigmonia aenigmatica* (Holten, 1803)

贝壳长椭圆形，壳长约 28 mm；壳质脆薄；壳面紫铜色，同心生长纹细密；右壳较平，稍小，具 1 个椭圆形足丝孔；铰合部无齿。

分布于广东、广西和海南沿海；在潮间带以足丝附着在红树等植物上生活。

海月蛤科 Placunidae Rafinesque, 1815

❷ 海月 *Placuna placenta* (Linnaeus, 1758)

贝壳近圆形，壳长约 100 mm；壳质薄，半透明；壳面银白色或淡粉色，具珍珠光泽；壳表刻有精细的放射线和生长线；壳内闭壳肌痕近圆形，位于中央；右壳铰合部具 2 枚呈"人"字形的铰合齿，左壳对应具凹槽；韧带位于铰合齿和凹槽上。

分布于浙江以南沿海；栖息于潮间带中、低潮区至浅海泥沙或软泥质海底。

锉蛤科 Limidae Rafinesque, 1815

❸ 习见锉蛤 *Lima vulgaris* (Link, 1807)

贝壳近长圆三角形，壳高 35~55 mm；前耳小，后耳略大；壳面白色，具放射肋，肋上具尖角状鳞片；壳内白色；壳顶中间韧带槽三角形；槽的两侧各具 1 列小齿；闭壳肌痕圆形。

分布于台湾和广东以南沿海；栖息于低潮线至水深 50 m 左右，营附着生活。

❹ 角耳雪锉蛤 *Limaria basilanica* (A. Adams & Reeve, 1850)

贝壳斜卵圆形，壳高约 21 mm；略凸，壳质薄；两壳闭合时前后缘具开孔；壳面白色，具细的放射肋，肋间距较宽，两肋间刻有细的间肋和线纹；壳内白色，边缘具锯齿状缺刻，闭壳肌痕不明显。

分布于台湾、海南和西沙群岛；栖息于潮间带至浅海 20 m 左右的砂砾质海底，营附着生活。

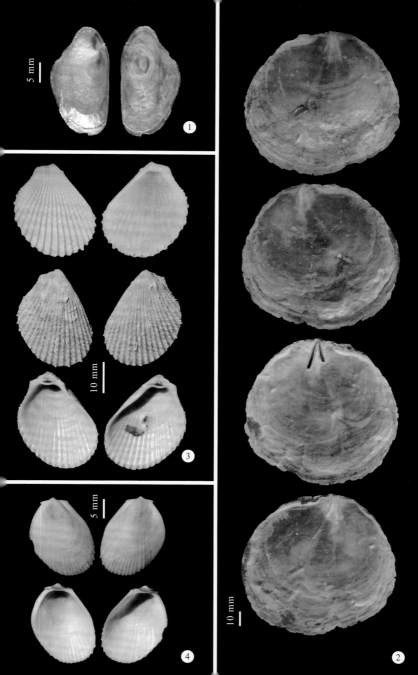

1 **脆壳雪锉蛤** *Limaria fragilis* (Gmelin, 1791)

贝壳与角耳雪锉蛤相近，壳高约 30 mm；壳质较薄，半透明；壳顶突出较前种低；壳内闭壳肌痕明显。

分布于台湾和广东以南沿海；栖息于低潮线至水深约 20 m 的砂砾质海底，以足丝附着或筑巢生活。

缘曲牡蛎科 Gryphaeidae Vialov, 1936

2 **舌骨牡蛎** *Hyotissa hyotis* (Linnaeus, 1758)

贝壳近椭圆形或四边形，壳长约 120 mm；壳质坚厚；壳表具约 11 条粗糙的放射褶，褶上布有半管状棘；壳边缘犬齿交错；壳内白色，边缘褐色；壳内缘因壳表棘凸呈不规则的波状；蠕虫状嵌合体出现于前后背缘。

分布于台湾和海南；栖息于水深 30 m 以内的珊瑚礁区。

3 **覆瓦牡蛎** *Hyotissa imbricata* (Lamarck, 1819)

壳长约 100 mm；壳表具粗糙的放射肋约 10 条，其上具半管状棘和密集的同心鳞片；壳色有变化，浅褐色或青灰色；壳内面灰白色，边缘色深，具与壳面放射肋相应的凹沟；闭壳肌痕圆，外套痕明显。

分布于东海和南海；以左壳固着生活于水深 100 m 以内的珊瑚礁区。

牡蛎科 Ostreidae Rafinesque, 1815

4 **猫爪牡蛎** *Talonostrea talonata* Li & Qi, 1994

壳高约 40 mm；壳质较薄；左壳顶固着面极小，壳面具数条放射肋，末端伸出壳缘似爪状；右壳较平无放射肋，边缘也具壳片突出于壳缘；壳面红褐色或青褐色；壳内白色，壳顶腔较深。

分布于黄海；固着生活于潮下带浅海沙、砾石或其他物体上。

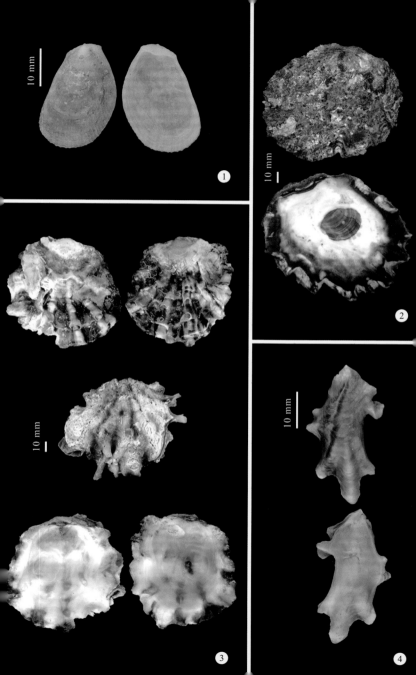

1 长牡蛎 *Crassostrea gigas* (Thunberg, 1793)

壳高约 70 mm；壳质厚，贝壳形态常随栖息环境而变化；壳面黄褐色或紫褐色，常具波状鳞片；壳内白色，闭壳肌痕紫色或棕黄色；韧带槽长而深；壳顶腔深。

分布于长江口以北沿岸；以左壳固着生活在潮间带至潮下带浅水区的岩石或其他硬物上。

2 近江巨牡蛎 *Crassostrea ariakensis* (Fujita, 1913)

贝壳大而厚重，壳形有变化，多呈长卵圆形或延长，壳高 110~240 mm；左壳稍大，中凹；右壳平，壳面黄褐色或紫褐色，环生较松散的同心鳞片。壳内白色；闭壳肌痕大，棕色或紫色；韧带槽较宽。

分布于我国南北沿海；固着生活于河口附近的低盐区。

3 香港巨牡蛎 *Crassostrea hongkongensis* Lam & B. Morton, 2003

外部形态与近江巨牡蛎极为相似，形态有变化，多呈长卵圆形，壳高约 130 mm；壳质较小且薄而轻，壳顶腔比较深，韧带槽也较长；本种的软体部红色，而近江巨牡蛎淡褐色。

分布于福建厦门以南沿海；固着生活在江河入海口附近的浅海区。

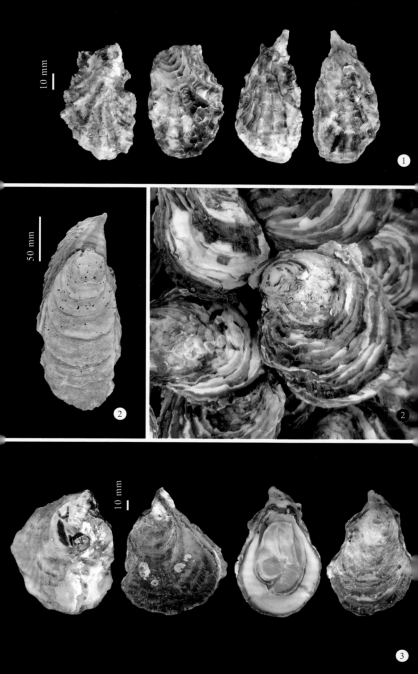

1 **熊本牡蛎** *Crassostrea sikamea* (Amemiya, 1928)

壳高约 50 mm；外形多变，左壳比右壳大，左壳面凸，壳顶腔稍深，右壳较平；壳面灰白色，具紫褐色放射斑纹或斑纹，生有同心鳞片；壳内面闭壳肌痕肾形；铰合部较短，直线形，韧带占据整个铰合线。

分布于长江以南沿海；固着生活在潮间带。

2 **团聚牡蛎** *Saccostrea glomerata* (Gould, 1850)

壳高约 35 mm；壳质坚厚；两壳的边缘黑褐色，呈吻合的锯齿状，其余壳面灰白色；左壳深凹，壳顶腔较深，固着面小，壳表具放射肋；右壳小，较平；壳内面内脏囊部黄褐色。

分布于浙江以南沿海；固着生活在潮间带岩石上。

3 **棘刺牡蛎** *Saccostrea kegaki* Torigoe & Inaba, 1981

贝壳近圆形，壳长约 50 mm；左壳固着面几乎为全壳；右壳面布有黑紫色细管状棘刺或少数鳞片；壳内灰紫色，闭壳肌痕多为紫色。

分布于浙江以南沿海；固着生活在潮间带岩石上。

4 **密鳞牡蛎** *Ostrea denselamellosa* Lischke, 1869

壳高约 80 mm；壳质厚重；左壳大而凸，右壳较平，左壳固着面小，仅位于壳顶；壳表密布覆瓦状鳞片；放射肋仅在壳表边缘较明显；壳面杂有黄褐色或紫色斑；壳内白色，嵌合体位于韧带两侧；壳顶腔浅。

分布于辽宁至广东沿海；栖息于潮下带水深 30 m 左右的浅海。

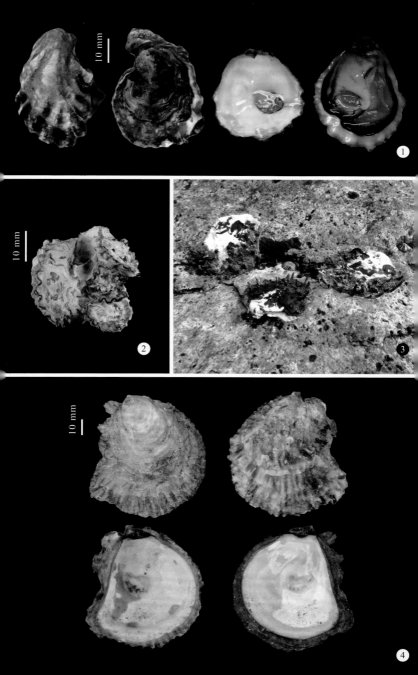

① **脊牡蛎** *Lopha cristagalli* (Linnaeus, 1758)

壳高约 85 mm；贝壳黄褐色至褐色，具数条显著的棱角状放射肋，壳缘呈锯齿状；左壳后部具突出的钩状部分，壳顶腔较深；壳内缘紫色，嵌合体仅在壳顶区较明显。

分布于台湾、海南岛和南沙群岛；栖息于水深 5~20 m 的海底。

满月蛤科 Lucinidae Fleming, 1828

② **长格厚大蛤** *Codakia tigerina* (Linnaeus, 1758)

贝壳圆形，壳长约 90 mm；壳质坚厚；壳表密布放射细肋和同心生长纹，二者交织成网目状；壳面白色或淡黄色；壳内黄白色，周缘和铰合部微红；闭壳肌痕显著；外套线深，无外套窦；铰合部宽，铰合齿发达。

分布于台湾、海南岛和西沙群岛；栖息于潮间带至浅海水深约 20 m 的沙质海底。

③ **斑纹厚大蛤** *Codakia punctata* (Linnaeus, 1758)

贝壳圆形，壳长约 60 mm；壳质厚重；壳面白色，背缘微红；壳表刻有放射纹，中央部刻纹浅，前后部者较深；同心纹细弱；壳内黄白色，边缘玫红色；闭壳肌痕显著；两壳各具主齿 2 枚。

分布于台湾、西沙群岛和南沙群岛；栖息于低潮区珊瑚礁间的沙质海底。

1 无齿蛤 *Anodontia edentula* (Linnaeus, 1758)

贝壳近球形，壳长约 26 mm；壳质薄脆；壳面白色，生长纹细密；壳内黄白色，闭壳肌痕明显，前闭壳肌痕较短；无外套窦；铰合部弱，无铰合齿。

分布于浙江以南沿海；栖息于潮间带或浅海沙或泥沙质海底。

猿头蛤科 Chamidae Lamarck, 1809

2 敦氏猿头蛤 *Chama dunkeri* Lischke, 1870

贝壳卵圆形，壳长约 20 mm，壳质厚；两壳不等，右壳小，微凸，表面密布半管状棘；左壳大，固着，半管状棘较粗；壳面灰白色，有的带有很浅的红色；壳内白色，腹缘紫色，具细齿状缺刻。

分布于台湾、广东、广西和海南；固着生活在低潮区至浅海的岩石上。

3 叶片猿头蛤 *Chama lobata* Broderip, 1835

壳长约 22 mm；左壳大，弯曲，固着面小；右壳自壳顶到腹缘具 1 条明显的放射脊；壳表生有发达的同心片，其上刻有放射纹；壳面白色或黄褐色，具放射肋；壳内缘具细齿。

分布于广东、海南和南沙群岛；栖息于浅海泥沙、石砾或碎贝壳质海底。

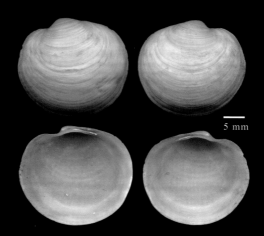

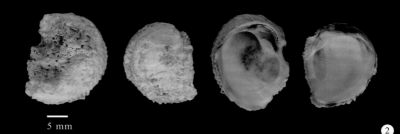

心蛤科 Carditidae Férussac, 1822

1 斜纹心蛤 *Cardita leana* Dunker, 1860

贝壳近长方形,壳长约 20 mm;壳顶前倾近前端;腹缘微凹,此处开口用以通过足丝;壳表前部放射肋上具结节,放射肋向后部逐渐变得粗壮,其上生有鳞片;肋间距狭窄,沟内具同心线;壳面黄白色,肋上杂有褐色斑点。

分布于浙江以南沿海;以足丝附着在潮间带岩石上生活。

2 异纹心蛤 *Cardita variegata* Bruguière, 1792

壳长约 30 mm;壳质厚;壳顶近于前端,前缘截形,腹缘中部凹,两壳此处开口,用以伸出足丝;壳表具放射肋,前部者较弱并生有鳞片状结节;壳面白色,肋上具褐色斑点和较尖的小结节;壳内白色,腹缘具缺刻。

分布于浙江、广东、广西和海南;以足丝附着在低潮区岩礁或珊瑚礁上生活。

3 粗衣蛤 *Beguina semiorbiculata* (Linnaeus, 1758)

壳长约 75 mm;两壳侧扁,壳质坚厚;壳顶低,近前端;腹缘较平直,具 1 个足丝孔;壳面褐色,靠近边缘色深;壳表放射刻纹细密;壳内面白色至紫褐色,闭壳肌痕和外套痕显著;后闭壳肌痕大;无侧齿。

分布于台湾、广西和海南;栖息于珊瑚礁间,以足丝营附着生活。

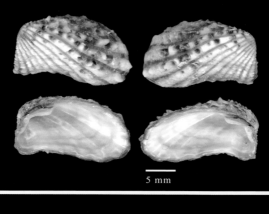

5 mm

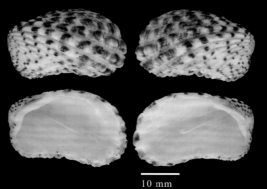

10 mm

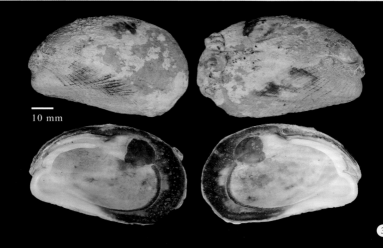

10 mm

鸟蛤科 Cardiidae Lamarck, 1809

❶ 中华鸟蛤 *Vepricardium sinense* (G. B. Sowerby II, 1839)

贝壳近球形, 壳长约 38 mm; 壳表具凸出的棱状放射肋约 23 条, 肋间沟深; 壳面黄白色; 壳内白色, 刻有与壳表放射肋相对应的放射沟, 周缘具较粗的锯齿状缺刻。

分布于广东以南沿海; 栖息于浅海沙质海底。

❷ 多刺鸟蛤 *Vepricardium multispinosum* (G. B. Sowerby II, 1839)

贝壳圆而膨胀, 近球形, 壳长约 36 mm; 壳面黄白色, 具宽平的放射肋约 35 条, 肋上生有半管状棘刺; 肋间沟窄; 壳内白色, 刻有与壳面放射肋相应的放射沟; 周缘锯齿状缺刻。

分布于南海; 栖息于浅海沙质海底。

❸ 镶边鸟蛤 *Vepricardium coronatum* (Schröter, 1786)

壳长约 33 mm; 贝壳膨胀, 壳表具棱角状放射肋约 38 条, 肋上具黄壳毛, 壳毛在腹缘钙化成薄片状; 壳面黄白色, 中部具大块黄色色斑, 壳顶紫红色; 壳内白色, 周缘淡紫色, 有锯齿状缺刻。

分布于广东至北部湾沿海; 栖息于浅海软泥或泥沙质海底。

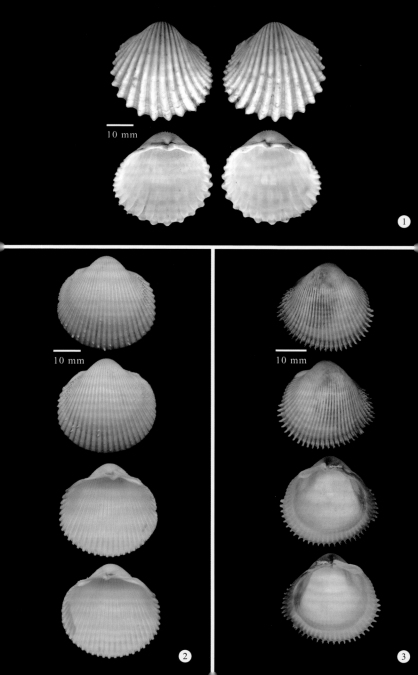

❶ 亚洲鸟蛤 *Vepricardium asiaticum* (Bruguière, 1789)

贝壳近球形,壳长约 40 mm;两壳膨胀,壳质脆薄;壳表放射肋约 36 条,前部肋上具小刺,后部肋末端具 1 列石灰质纵片;壳面淡红色,后部颜色较深;壳口内刻有放射沟。

分布于南海;栖息于水深数十米以内的浅水区。

❷ 角糙鸟蛤 *Trachycardium angulatum* (Lamarck, 1819)

贝壳略呈方形,壳高约 80 mm;壳质坚厚;壳表放射肋约 40 条,其中前部 10 余条肋上布有鳞片状突起,后 10 余条上突起较发达,片状竖起;壳面黄白色或黄褐色,具褐色云斑;壳口内白色,内缘褐色,具发达的齿状缺刻。

分布于台湾和西沙群岛;栖息于珊瑚礁间的沙质海底。

❸ 黄边糙鸟蛤 *Vasticardium flavum* (Linnaeus, 1758)

壳高约 44 mm;贝壳较膨胀,壳表具发达的放射肋约 30 条,肋上生有结节,前后端的肋上生有鳞片状突起;肋间距有变化,中部者较宽;壳面黄白色,外被黄褐色壳皮;壳内边缘白色,中部黄色或紫色。

分布于台湾、广西和海南;栖息于低潮线附近至浅海粗砂质海底。

❹ 滑肋糙鸟蛤 *Vasticardium enode* (G. B. Sowerby II, 1840)

贝壳斜长圆形,壳高可达 110 mm;壳表放射肋约 40 条,前部 10 余条肋上生有覆瓦状鳞片;中部肋较平或表面微凹;肋间沟深且狭窄;后部肋上生有竖起的鳞片状突起。

分布于海南;栖息于水深 0~50 m 的珊瑚礁间。

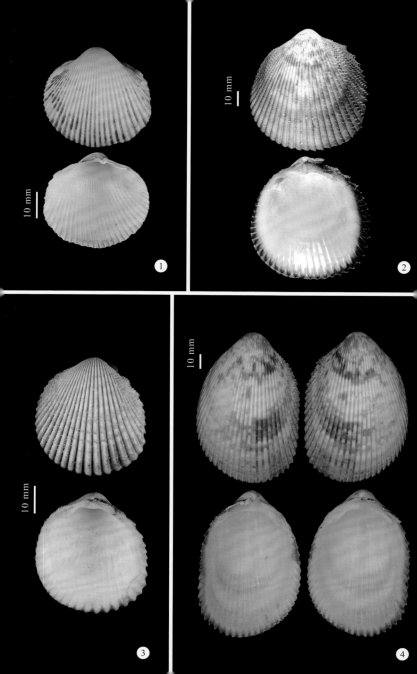

1 **莓实脊鸟蛤** *Fragum unedo* (Linnaeus, 1758)

壳长 35~45 mm；壳顶高出背缘并向内扭卷；壳面黄白色，放射肋宽平，在放射脊前约 17 条，脊之后约 8 条，肋上具稀疏的紫红色鳞片状突起；壳内白色，周缘具齿状缺刻，后缘者较长；铰合齿发达。

分布于台湾和海南；栖息于潮间带低潮区至浅海沙质海底。

2 **心鸟蛤** *Corculum cardissa* (Linnaeus, 1758)

贝壳前后侧扁，前、后观呈心形，壳高约 27 mm；壳质较薄；壳顶尖，向内卷曲；壳面黄白色，自壳顶向腹缘的显著放射脊上生有短棘；前和后部均具 10 余条放射肋。

分布于台湾和西沙群岛；栖息于浅海岩礁或珊瑚礁海底。

3 **半心陷月鸟蛤** *Lunulicardia hemicardium* (Linnaeus, 1758)

贝壳前、后观呈心形，壳高约 40 mm；自壳顶到后腹角具 1 条尖锐的放射脊，脊之前后壳面各具极低平的放射肋约 12 条，肋间沟具分布均匀的刻点；壳面黄白色，放射肋上散布颜色深浅不一的斑点。

分布于南海；栖息于潮间带至浅海沙质海底。

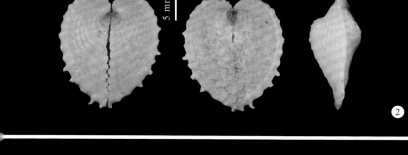

① **尖顶滑鸟蛤** *Acrosterigma attenuatum* (G. B. Sowerby II, 1841)

贝壳斜卵圆形,壳高约 67 mm;壳顶圆尖;壳面布有棕褐色和黄褐色云斑,腹缘壳色较黄;壳表放射肋较弱,近壳顶逐渐消失;壳内边缘齿状缺刻较长。

分布于台湾和南海;栖息于水深约 32 m 的沙质海底。

② **滑顶薄壳鸟蛤** *Fulvia mutica* (Reeve, 1845)

壳长 53 mm;两壳膨胀略呈球形,壳质薄,前端圆,末端具开口;壳表具低平的放射肋;壳面黄白色,壳顶颜色较深;外被黄色壳皮;壳内白色或肉色,后端带紫色或棕色。

分布于黄海;栖息于浅海沙质海底。

③ **加州扁鸟蛤** *Keenocardium californiense* (Deshayes, 1839)

壳长 43 mm;壳顶近中央,前、后近对称;壳表具 40 余条放射肋,肋间距较窄;同心生长轮脉明显;壳面被有褐色壳皮;壳内白色或稍带淡紫色,前后闭壳肌痕明显。

分布于黄海;栖息于潮下带浅海沙泥质海底。

砗磲科 Tridacnidae Lamarck, 1819

❶ 砗蚝 *Hippopus hippopus* (Linnaeus, 1758)

贝壳近菱形，壳长约 230 mm，最大个体者可达 400 mm；成体足丝孔闭合，小月面宽广而中凹；壳表具 10 余条放射主肋，肋间具 2 条细肋；壳面黄白色，通常具紫红色斑；壳内白色，具与壳表放射肋相对应的放射沟。

分布于台湾、西沙群岛和南沙群岛；幼体以足丝附着生活，成体栖息于浅海珊瑚礁间。

❷ 大砗磲 *Tridacna gigas* (Linnaeus, 1758)

壳长约 700 mm，个体较大者可超过 1.3 m，为双壳类中最大者；壳质极厚重；壳面粗糙，放射肋粗壮，足丝孔小；壳内面壳肌痕和外套痕明显；外韧带长，几乎为贝壳后背缘之全长。

分布于台湾、西沙群岛和南沙群岛；栖息于热带珊瑚礁中。

1 **鳞砗磲** *Tridacna squamosa* Lamarck, 1819

壳长约 280 mm，个体较大者可超过 400 mm；壳面具 5~6 条强大的放射肋，肋上具宽圆而翘起的片状凸起；肋间距较宽，刻有细肋；壳内白色，铰合部长。

分布于台湾和南海各岛礁；以足丝附着在潮间带和浅海珊瑚礁上生活。

2 **无鳞砗磲** *Tridacna derasa* (Röding, 1798)

壳长最大可超过 500 mm；两壳较侧扁，近扇形；壳面白色，放射肋宽而低平，放射纹和同心纹细，无明显的鳞片凸起；壳内面白色。

分布于台湾、西沙群岛和南沙群岛；栖息于浅海珊瑚礁的外脊。

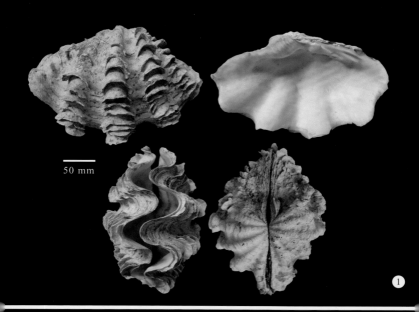

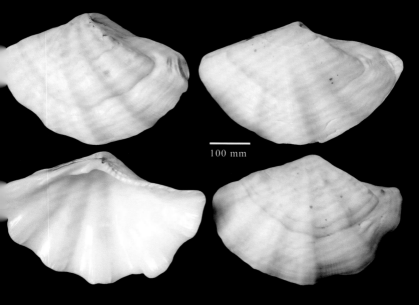

❶ 番红砗磲 *Tridacna crocea* Lamarck, 1819

贝壳卵圆形，壳长可至 125 mm；足丝孔大；壳面粗糙，黄白色或略带红色，具宽而低圆的放射肋，壳表另具密集的覆瓦状同心片；壳内黄白色，闭壳肌痕大，边缘形成爪状凸起。

分布于台湾、西沙群岛和南沙群岛；以足丝附着在浅海的珊瑚礁中生活。

❷ 长砗磲 *Tridacna maxima* (Röding, 1798)

壳长约 174 mm，最大超过 350 mm；壳形与番红砗磲相近，但本种贝壳前端延长，后端短；壳表放射肋上生有发达的覆瓦状鳞片，肋间具数条放射细肋；壳面黄色；壳内面白色，足丝孔很大。

分布于台湾、海南、西沙群岛和南沙群岛；栖息于浅海珊瑚礁间。

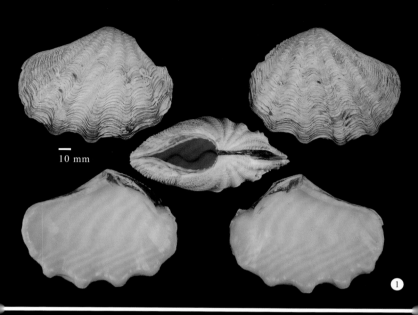

10 mm

50 mm

1

2

蛤蜊科 Mactridae Lamarck, 1809

1 中国蛤蜊 *Mactra chinensis* Philippi, 1846

贝壳圆三角形,壳长约 42 mm;两壳较膨胀;壳表同心生长纹粗糙,在壳顶区不明显;壳面黄白色,被有黄褐色壳皮;壳内白色,两壳具"人"字形主齿和强大的韧带槽;闭壳肌痕较大且明显;外套窦较短。

分布于我国沿海各省;栖息于潮间带中潮区至水深约 60 m 的沙质海底。

2 四角蛤蜊 *Mactra veneriformis* Reeve, 1854

贝壳膨胀,近四角形,壳长约 35 mm;壳顶部突出,位于背部中央;壳表生长线粗糙,外被黄褐色的壳皮;壳顶处白色,生长线不明显,近腹缘黄褐色;壳内黄白色带紫色;左壳主齿分叉,右壳呈"八"字形;外套窦宽短。

分布于辽宁至广东沿海;栖息于河口区附近的泥沙质或软泥质海底。

3 西施舌 *Mactra antiquata* Spengler, 1802

贝壳略呈圆三角形,壳长约 100 mm;壳质较薄;壳顶部光滑,紫色,其余壳面黄白色且具同心生长线,外被土黄色的壳皮;壳内灰白色,顶部淡紫色;外套窦浅,半圆形。

分布于辽宁至广东沿海;栖息于潮间带中、下区的细沙质海底。

❶ 平蛤蜊 *Mactra grandis* Gmelin, 1791

壳形与西施舌相似, 壳长约 70 mm; 但本种长卵圆三角形, 两端稍瘦; 壳顶区紫色, 壳面污白色, 具浅色放射带; 外被棕褐色壳皮; 壳内紫褐色, 后闭壳肌痕明显, 外套窦浅。

分布于台湾、广东、广西和海南岛; 栖息于潮间带至浅海水深约 30 m 的泥沙质海底。

❷ 弓獭蛤 *Lutraria rhynchaena* Jonas, 1844

贝壳长卵圆形, 左右侧扁, 壳长约 120 mm; 壳顶突出; 前端尖圆, 后端圆扩张; 前背缘短而斜, 后背缘稍下陷; 壳面同心生长纹不均匀, 外被暗绿色壳皮; 壳内白色, 铰合部宽大, 韧带槽三角形, 外套窦宽而较深。

分布于台湾和南海; 栖息于潮间带至浅海沙质或泥沙质海底。

❸ 施氏獭蛤 *Lutraria sieboldii* Reeve, 1854

贝壳长圆形, 壳长约 80 mm; 壳质坚硬, 前端稍尖圆, 后端圆, 后背缘直; 壳面生长线较粗糙; 壳内面白色, 外套窦近楔形。

分布于台湾、广东和广西; 栖息于水深数十米以内的浅海泥沙质海底。

10 mm

1

10 mm

2

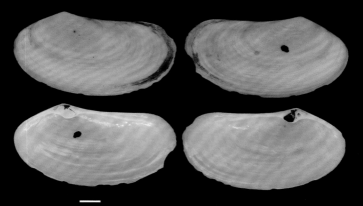

10 mm

3

中带蛤科 Mesodesmatidae Gray, 1840

① **环纹坚石蛤** *Atactodea striata* (Gmelin, 1791)

贝壳卵三角形，壳长约 30 mm；壳质坚硬；壳顶位于背缘中央；壳面白色，同心生长纹粗糙，近腹缘更为显著；外被黄褐色壳皮；壳内白色，外套窦浅。

分布于台湾、福建、广东、海南岛和西沙群岛；栖息于潮间带沙质海底。

② **朽叶蛤** *Coecella horsfieldii* Gray, 1853

贝壳长椭圆形，壳长约 27 mm；壳顶位于背部中央，前、后端稍尖圆；壳面光滑，外被黄褐色壳皮，边缘处壳皮较厚；壳内白色，闭壳肌痕明显，外套窦短指状，不与外套线愈合；前、后侧齿均距主齿较近。

分布于广东和广西；栖息于潮间带有淡水注入的沙质海底。

斧蛤科 Donacidae Fleming, 1828

③ **紫藤斧蛤** *Donax semigranosus* Dunker, 1877

贝壳近三角形，壳长约 15 mm；壳顶近后方；壳面黄白色，具细密的放射纹和同心生长纹，两者在后方壳面形成布纹状雕刻；壳内紫色或白色，边缘锯齿状。

分布于浙江以南至海南沿海；栖息于潮间带的沙质海底。

10 mm

5 mm

5 mm

1

2

3

1 楔形斧蛤 *Donax cuneatus* Linnaeus, 1758

贝壳近三角形，壳长约 30 mm；贝壳前缘长，后缘短，末端呈截形；壳长纹细密，后部具放射纹；壳色多为淡黄褐色，具褐色的放射带；壳内紫色，外套窦宽而深。

分布于台湾和广东以南沿海；栖息于潮间带的沙质海底。

2 豆斧蛤 *Donax faba* Gmelin, 1791

贝壳圆三角形，壳长约 21 mm；壳顶近后方，后缘较前缘短而斜；壳面饰有褐色或紫褐色花纹和不规则的放射带，同心生长线明显；壳内大面积灰紫色，外套窦深，可达中央，顶端圆。

分布于台湾和广东以南沿海；栖息于潮间带中、高潮区的沙质区。

樱蛤科 Tellinidae de Blainville, 1814

3 衣角蛤 *Hanleyanus vestalis* (Hanley, 1844)

壳长约 33 mm；两壳前后端微开口，不能密闭，楣面边缘稍隆起；自壳顶到后缘具 1 条放射脊；壳面黄白色，生长纹细密；外套窦深，其腹缘约 1/2 与外套线愈合；前侧齿较长，其前端与前主齿相连。

分布于东海和南海；栖息于水深 100 m 以内的泥质海底。

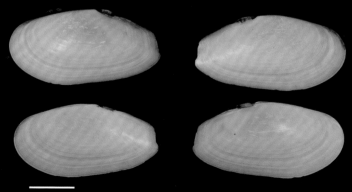

1 叶樱蛤 *Phylloda foliacea* (Linnaeus, 1758)

壳长约 90 mm；壳质脆薄，两壳侧扁，前、后微开口；壳顶不突出背缘，自壳顶到后腹缘具 1 条放射脊；壳面黄色，生长纹细密；壳内面近前背缘方具 1 条放射肋状凸起；外套痕不明显；外韧带狭长。

分布于广东以南沿海；栖息于潮间带至水深约 10 m 的浅水区泥沙质海底。

2 皱纹樱蛤 *Quidnipagus palatam* Iredale, 1929

壳长约 65 mm；壳质较厚；壳顶近背部中央；小月面和楯面细长，披针状；壳面白色，壳顶部黄白色；壳表具强弱不均匀的同心皱纹和细弱的放射纹；壳内黄白色，外套窦宽而深，几乎触及前肌痕。

分布于台湾和广东以南沿海；栖息于潮间带中潮区砂砾和碎珊瑚质海底。

3 肋纹环樱蛤 *Cyclotellina remies* (Linnaeus, 1758)

贝壳近圆形，壳长约 57 mm；壳质坚厚；壳面灰白色，同心生长纹较粗糙，壳后部具 1 个不明显的放射状褶皱；壳内白色，闭壳肌痕明显，外套窦左右壳形状不同，左壳者顶端钝圆，右壳者略尖；铰合部两壳各具主齿 2 枚。

分布于台湾、广西、海南和西沙群岛；栖息于水深 20 m 以内的珊瑚礁间沙质海底。

4 红明樱蛤 *Moerella rutila* (Dunker, 1860)

贝壳近卵三角形，壳长约 20 mm；壳质较薄；前缘较圆，后缘稍尖；自壳顶到后腹缘具 1 条放射脊；壳色多呈白色、红色或黄色等，表面光滑，生长纹整齐细密；壳内外套窦大且深，其腹缘与外套线愈合，背缘在壳顶下方隆起。

分布于我国南北沿海；栖息于潮间带泥沙质海底中。

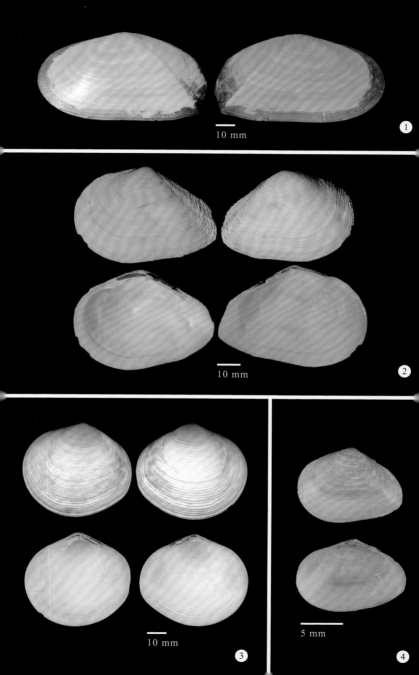

1 沟纹智兔蛤 *Leporimetis papyracea* (Gmelin, 1791)

壳长约 50 mm；壳质较薄，两壳膨胀且不等；左壳自壳顶至后腹缘具 2 条缢沟和 2 条放射脊，右壳者相对较浅较弱；外套窦宽大，其腹缘大部分与外套线愈合，两壳外套窦不等。

分布于浙江以南沿海；栖息于潮间带。

2 蜊樱蛤 *Tellinimactra edentula* (Spengler, 1798)

壳长约 65 mm；贝壳白色，壳质脆薄，自壳顶至后腹缘具 1 条放射脊，脊之后的壳面生长纹较脊之前的显著且粗糙；壳内面白色，外套窦宽大而长，顶端圆，但未触及前闭壳肌痕，其腹缘约 1/2 与外套线愈合。

分布于福建以南沿海；潮间带多为空壳标本，由于其外套窦宽而深，说明它们具有很长的水管，生活时能潜入较深的泥沙中，因而活体标本不易采到。

3 盾弧樱蛤 *Scutarcopagia scobinata* (Linnaeus, 1758)

贝壳近圆形，壳长约 75 mm；壳面白色，常饰有紫褐色斑点和断续的放射色带；壳表具呈蜂窝状排列的鳞状凸起，壳后部放射褶明显；壳内肉色或淡黄色，外套窦大。

分布于台湾、广东、海南岛和西沙群岛；栖息于浅海碎珊瑚质或沙质海底。

紫云蛤科 Psammobiidae Fleming, 1828

4 对生蒴蛤 *Asaphis violascens* (Forsskål in Niebuhr, 1775)

贝壳长卵圆形，壳长 45~71 mm；较膨胀，壳质厚；壳面多黄白色，具粗细不等的放射肋，生长纹不规律，外韧带粗大；壳内黄白色，后部紫色；主齿 2 枚；外套窦宽。

分布于台湾和广东以南沿海；栖息于潮间带中潮区至浅海石砾或碎珊瑚砂中。

10 mm

10 mm

10 mm

10 mm

1 中国紫蛤 *Hiatula chinensis* (Mörch, 1853)

贝壳长椭圆形,壳长约 75 mm;前后端微开口;壳面紫色,具浅色的放射带,同心生长纹明显,颜色深浅有变化;外被 1 层橄榄色壳皮,在壳顶区常脱落;外韧带突出;壳内紫色,外套窦深,腹缘与外套线愈合。

分布于山东、台湾、广东和海南;埋栖于浅海的沙质底内,能深入沙中30~50 cm 处。

2 绿紫蛤 *Gari virescens* (Deshayes, 1855)

贝壳长卵圆形,壳长约 35 mm;壳质薄,前后端稍开口;黄褐色壳皮常在壳顶区脱落,壳面灰紫色,可见 2~3 条深色放射带;外韧带凸出;壳内面具紫色云斑;铰合部具 2 枚中央齿;外套窦深,指状,顶端圆,腹缘完全和外套线愈合。

分布于台湾、广东和海南;栖息于河口区泥质沙中,可潜入底内8~15 cm 处。

3 双线紫蛤 *Hiatula diphos* (Linnaeus, 1771)

贝壳长椭圆形,壳长约 90 mm;前后端稍开口;自壳顶射出 2 条浅色色带,同心生长纹细密,壳皮常在壳顶处脱落;壳内灰紫色,铰合部具 2 枚较大的主齿;肌痕明显,外套窦长,顶端尖,腹缘完全与外套线愈合。

分布于福建以南各省;埋栖于潮间带沙质底,可潜入底内 30 cm 左右处。

4 长紫蛤 *Gari elongata* (Lamarck, 1818)

贝壳椭圆形,壳长约 58 mm;壳质稍厚,前、后端开口;壳顶低平,位于中央之前;外被较厚的黑绿色壳皮,在近壳顶处易脱落;自壳顶到腹缘具浅色放射带;壳内面紫色;外套窦深,指状,部分与外套线愈合。

分布于福建以南各省沿岸;栖息于河口区的潮间带,埋栖深度可达15 cm 以下。

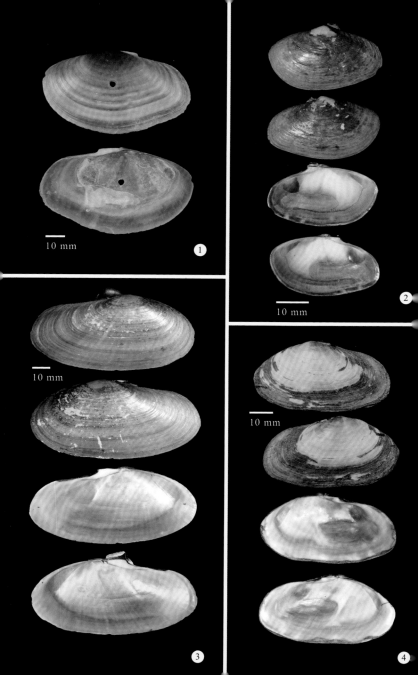

10 mm

1

10 mm

2

10 mm

3

10 mm

4

截蛏科 Solecurtidae d'Orbigny, 1846

① **总角截蛏** *Solecurtus divaricatus* (Lischke, 1869)

贝壳近长方形，壳长约 70 mm；壳面黄褐色，壳皮易脱落；壳表具细密的生长纹和放射纹，在壳后端具分枝斜形纹；壳内浅粉色，具浅色放射带；外套窦长，顶端尖，腹缘约 1/3 游离，不与外套线愈合。

分布于山东、台湾、福建、广东和海南沿岸；栖息于潮间带至水深约 20 m 的细沙质海底，可潜入底质内深达 50 cm。

② **狭仿缢蛏** *Azorinus coarctatus* (Gmelin, 1791)

贝壳长椭圆形，壳长约 22 mm；前后端开口；自壳顶到腹缘中部延伸 1 条明显的凹沟，腹缘中部微凹陷；壳面生长线较粗糙，壳皮易脱落；壳内面白色，外套窦宽，可达壳中央。

分布于南海；栖息于水深约数十米的泥质海底。

灯塔蛏科 Pharidae H. Adams & A. Adams, 1856

③ **缢蛏** *Sinonovacula constricta* (Lamarck, 1818)

贝壳近长方形，壳长 60~87 mm；前后两端圆，具开口，腹缘中部微凹，自壳顶至腹缘中部具 1 个斜的缢沟；壳面生长线粗糙；外被有粗糙的黄褐色壳皮；壳内白色，肌痕明显，外套窦约为壳长的 1/3，顶端圆。

分布于我国沿海；栖息于河口区有淡水注入的软泥质海底内。

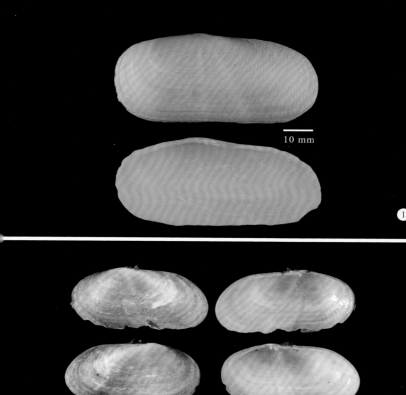

10 mm

5 mm

10 mm

竹蛏科 Solenidae Lamarck, 1809

1 大竹蛏 *Solen grandis* Dunker, 1862

壳长 85~120 mm；贝壳前缘斜截形，后缘较圆，背、腹缘直，互相平行；壳面光滑具光泽，饰有淡红色带；壳生长纹明显；外被黄褐色壳皮；壳内白色或淡红紫色，铰合部小，两壳各具主齿 1 枚。

分布于我国各海区；埋栖于潮间带中、低潮区及浅海 30~40 m 水深的细沙或泥沙质海底。

2 长竹蛏 *Solen strictus* Gould, 1861

壳形与大竹蛏相近，但本种较细，壳长约 65 mm；壳质较薄，前后端截形，略倾斜；壳顶不明显；壳内白色或淡黄色，外套窦浅。

分布于辽宁至广东沿海；埋栖于潮间带至潮下带浅水区泥沙质海底。

3 直线竹蛏 *Solen linearis* Spengler, 1794

贝壳细长，壳长约 40 mm；壳质薄脆；前端略窄，后部略宽；后腹角和后背角多呈弧形而不成直角；壳表饰有较密集的紫红色同心粗纹。

分布于福建、广东和海南；栖息于低潮区至水深约 60 m 的沙质海底。

刀蛏科 Cultellidae Davies, 1935

4 花刀蛏 *Ensiculus cultellus* (Linnaeus, 1758)

贝壳侧扁，壳长约 55 mm；壳质薄；前后端圆，微向上翘，两端微开口；前背缘微下陷；壳面密布紫红色斑；壳内颜色和花纹与壳表近似；前闭壳肌痕长圆，后闭壳肌痕长；外套窦浅；右壳具 1 枚铰合齿，左壳 2 枚。

分布于台湾和南海；栖息于浅海水深约 30 m 的细沙质海底。

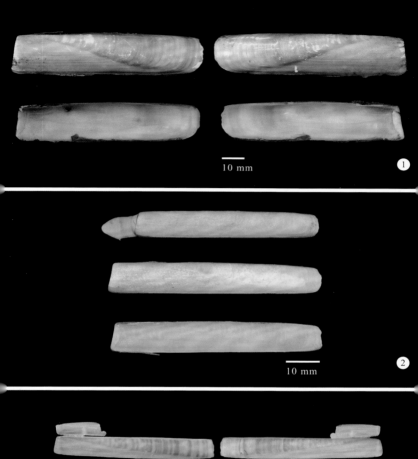

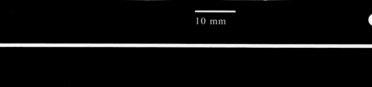

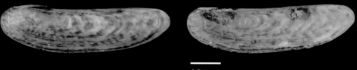

10 mm

10 mm

10 mm

10 mm

❶ 小刀蛏 *Cultellus attenuatus* Dunker, 1862

贝壳长椭圆形，壳长 50~85 mm；前部短，后部长；背缘较平直，后腹缘长圆；壳面平滑，外被淡黄色的壳皮；壳内白色，前闭壳肌痕小而圆，后闭壳肌痕细；外套窦宽而浅；右壳铰合部具主齿 2 枚，左壳 3 枚。

分布于我国各海区；栖息于潮间带至浅海百米以内的沙质海底。

饰贝科 Dreissenidae Gray, 1840

❷ 萨氏仿贻贝 *Mytilopsis sallei* (Récluz, 1849)

贝壳形似贻贝，壳长约 21 mm；壳顶尖，位于前端，后端圆，背缘弓形，腹缘较直；两壳不等，右壳较凸；壳面生长纹粗糙，外被较厚的壳皮。

入侵种，分布于台湾、福建、广东、广西和海南；以足丝营附着生活。

棱蛤科 Trapeziidae Lamy, 1920

❸ 长棱蛤 *Trapezium oblongum* (Linnaeus, 1758)

贝壳近长方形，壳长约 36 mm；壳质厚；壳顶位于近前端，前倾；壳顶向后腹缘具 1 条钝脊；壳面白色，细密的放射纹和生长纹相交呈格子状，后背区刻纹更明显；壳内白色，或印有大块紫色斑。

分布于台湾、海南、西沙群岛和南沙群岛；栖息于 20 m 以内的珊瑚礁海底。

❹ 纹斑棱蛤 *Neotrapezium liratum* (Reeve, 1843)

贝壳近长卵圆形，壳长 19~29 mm；壳质较厚，腹缘中部微凹；壳面灰白色，常具紫红色带，生长纹粗糙；壳内白色，后部常具紫色斑；闭壳肌痕和外套线明显；外套窦浅。

分布于我国沿海；附着在潮间带中、低潮区的岩礁缝中生活。

1

10 mm

2

5 mm

3

10 mm

4

10 mm

1 **亚光棱蛤** *Neotrapezium sublaevigatum* (Lamarck, 1819)

　　壳形与纹斑棱蛤相似，壳长约 35 mm；但是本种略呈长方形，后部宽，壳面灰白色，具自壳顶缘放射出的咖啡色色带；腹缘内陷，形成浅窦；外套窦极浅。

　　分布于福建以南沿海；栖息于潮间带岩石间。

同心蛤科 Glossidae Gray, 1847

2 **同心蛤** *Meiocardia vulgaris* (Reeve, 1845)

　　贝壳心形，两壳膨胀，壳长约 25 mm；两壳顶内卷，楯面较长；从壳顶至后腹角具 1 条放射脊，脊之前部刻有较粗的同心肋，后部小，同心刻纹细；壳面白色；壳内白色；铰合部具 2 枚片状主齿。

　　分布于台湾、广东和海南；栖息于浅海泥沙质海底。

蚬科 Corbiculidae Gray, 1847

3 **红树蚬** *Geloina coaxans* (Gmelin, 1791)

　　贝壳三角卵圆形，壳长约 80 mm；较膨胀，壳质厚重；壳面生长纹细密；外被较厚的黄绿色壳皮；壳内白色；铰合部具主齿 3 枚；闭壳肌痕明显。

　　分布于台湾、广东、广西和海南；栖息于河口高潮区泥沙质海底，见于红树林。

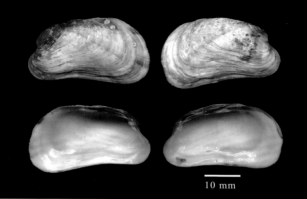

10 mm

①

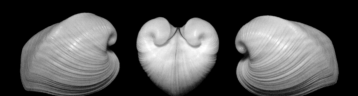

5 mm

②

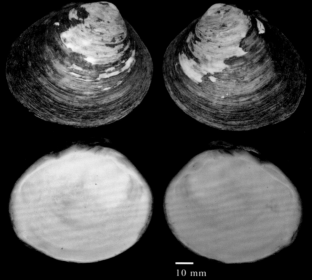

10 mm

③

❶ 凹线仙女蚬 *Cyrenobatissa subsulcata* (Clessin, 1878)

贝壳略呈卵圆三角形，壳长约 40 mm；自壳顶至后腹角具 1 条钝的脊；壳面生长纹明显，外被黄褐壳皮，壳顶区易脱落；壳内面白色，外套线完整，无窦。

分布于台湾、福建、广东、广西和海南，中国地方性种；栖息于河口区。

帘蛤科 Veneridae Rafinesque, 1815

❷ 对角蛤 *Antigona lamellaris* Schumacher, 1817

壳长约 52 mm；壳质厚；壳顶突出，前倾；前背缘凹陷，小月面心脏形；壳面黄白色，具褐色放射带；同心生长肋呈竖起的片状，在后背缘更高；放射肋细，与同心肋相交；壳内淡红色，内缘具明显缺刻；铰合齿强大，外套窦浅。

分布于台湾和南海；栖息于浅海数十米水深的软泥或沙泥质海底。

❸ 皱纹蛤 *Periglypta puerpera* (Linnaeus, 1771)

贝壳膨胀，近球形，壳长约 85 mm；壳面淡黄褐色，可见棕色放射状带；表面粗糙，同心纹和放射线相交呈方格状；壳内白色，后端或具大块紫色斑；壳内缘缺刻细弱；主齿 3 枚，中央主齿分叉。

分布于台湾和南海；栖息于中潮区砂砾间或珊瑚礁间。

❹ 薪蛤 *Mercenaria mercenaria* (Linnaeus, 1758)

壳长约 50 mm；壳质坚厚；壳顶前倾，小月面心脏形，楯面狭长；外韧带发达；壳面灰褐色，或具棕色的放射带和细折线；壳表同心细肋在前后部较显著，在中部较弱；壳内后部具紫色斑；内缘具齿状缺刻；外套窦短而尖；两壳各具 3 枚主齿，无侧齿。

产于美洲，我国已引进，在山东和浙江已开展人工养殖。

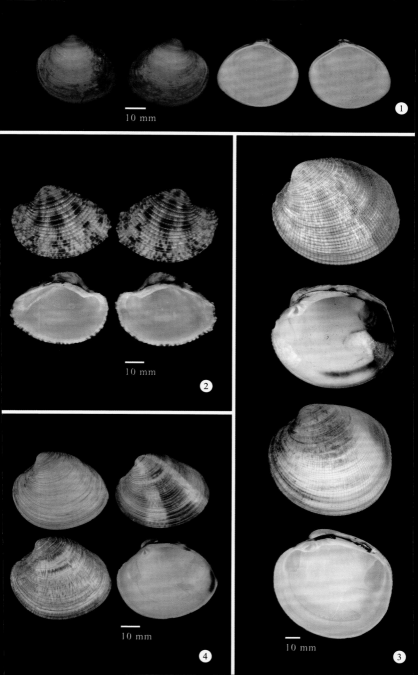

10 mm

10 mm

10 mm

10 mm

10 mm

1

2

3

4

1 鳞杓拿蛤 *Anomalodiscus squamosus* (Linnaeus, 1758)

壳长约 23 mm；壳质厚且膨胀；贝壳前端钝圆，后端较窄，似杓状；楯面细长；壳面黄褐色，粗大的放射肋与生长纹相交成颗粒或鳞片状突起；壳内白色，内缘具锯齿状缺刻。

分布于台湾和福建以南沿海；埋栖于潮间带泥或泥沙质海底。

2 突畸心蛤 *Cryptonema producta* (Kuroda & Habe, 1951)

贝壳极膨胀，壳质厚，壳高 35 mm；小月面大，近圆形；楯面宽而大；壳面颜色有变化，具 2~3 条断续的深色放射带；壳面同心生长纹明显，放射肋仅在壳后部较明显，与生长纹相交形成颗粒状突起；壳内缘平滑无齿状缺刻，外套窦浅。

分布于台湾和福建以南沿海；栖息于潮间带和红树林中。

3 美叶雪蛤 *Clausinella calophylla* (Philippi, 1836)

贝壳三角卵圆形，壳长约 30 mm；壳顶前倾，小月面心脏形，周围下陷；楯面披针形；壳面乳白色，排列稀疏的同心肋呈片状；壳内面乳白色，内缘具细小缺刻，外套窦小。

分布于福建、台湾、广东、广西和海南；栖息于低潮线至浅海数十米的泥沙质海底。

4 伊萨伯雪蛤 *Clausinella isabellina* (Philippi, 1846)

贝壳与美叶雪蛤相似，壳长约 33 mm；但本种片状同心肋较多且较矮；小月面长心脏形；壳内白色或浅橘色，有的个体后部具褐色斑。

分布于台湾和福建以南沿海；栖息于潮间带至浅海水深约 80 m 的泥沙质海底。

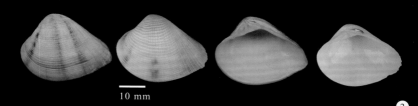

❶ **江户布目蛤** *Leukoma jedoensis* (Lischke, 1874)

　　贝壳卵圆形，壳长 30~50 mm；壳质较厚；小月面心脏形；壳面土黄色，可见放射状的棕色螺带和不规则的花纹；较强的放射肋和较弱的同心生长纹交织成布目状；外套窦小，近三角形。

　　分布于黄渤海；埋栖于潮间带的石砾和粗砂环境中。

❷ **美女蛤** *Circe scripta* (Linnaeus, 1758)

　　壳长约 40 mm；两壳侧扁，壳顶前倾，位于背部中央；小月面和楯面狭长，皆褐色；韧带沉入壳内；壳表同心纹在后背区变细或不清楚；壳面淡黄色，饰有不规则的棕色斑纹和斑点；壳内面瓷白色，有的具棕色斑；外套痕完整无窦。

　　分布于浙江以南沿海；栖息于潮间带至水深约 40 m 的浅水区。

❸ **加夫蛤** *Gafrarium pectinatum* (Linnaeus, 1758)

　　壳长约 38 mm；壳面黄褐色，布有紫色斑点；放射肋粗，与同心生长纹细相交形成结节，放射肋在中部较稀疏，后部斜向排列；壳内缘刻有与壳表放射肋相应的粗的缺刻。

　　分布于台湾和海南；栖息于潮间带至水深约 20 m 的沙质海底。

❹ **歧脊加夫蛤** *Gafrarium divaricatum* (Gmelin, 1791)

　　壳长约 50 mm；壳色有变化，多为黄褐色，通常具栗色的斑带和细线纹；同心生长纹细密，后部刻具弱的放射状；壳内白色，中部常具褐色斑，壳内缘缺刻细弱。

　　分布于福建以南沿海；栖息于潮间带石砾间。

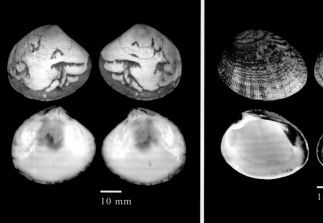

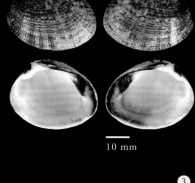

① 凸加夫蛤 *Gafrarium tumidum* Röding, 1798

壳长约 42 mm；两壳较膨胀；壳顶低，前倾，位于前端约 1/3 处；小月面长卵圆形，楯面狭长，下部下陷；外韧带下沉；壳表生长纹细密，放射肋粗壮，两者相交形成结节，壳后部结节不明显。

分布于台湾、广东和海南岛；栖息于潮间带至水深约 20 m 的沙质海底。

② 颗粒加夫蛤 *Gafrarium dispar* (Holten, 1802)

壳长约 28 mm；左右侧扁，壳质坚实；壳顶低平，前倾，位于背部中央之前；腹缘略平；生长纹明显，排列整齐；放射肋在壳的前部和中部均不明显。

分布于台湾、广西、海南岛和西沙群岛；栖息于潮间带岩礁间的石砾、粗砂质海底。

③ 柱状卵蛤 *Pitar sulfureum* Pilsbry, 1914

壳长约 40 mm；贝壳膨胀，小月面心脏形，界限清楚；楯面界限不十分清楚；外韧带几乎完全沉入壳内；壳面生长纹细密，外被黄色壳皮；壳内黄白色，外套窦较短，顶端尖；两壳主齿各 3 枚。

分布于南海；栖息于低潮区至潮下带泥沙质海底。

④ 饼干镜蛤 *Dosinia biscocta* (Reeve, 1850)

贝壳圆形，侧扁，壳质坚厚；壳长近 50 cm，壳高等于或大于壳长。壳表同心肋在前部形成走向不规则的皱纹。壳内面白色，主齿 3 枚；闭壳肌痕迹和外套痕清楚；外套窦深，超过壳内面中部。

分布于我国近海；生活在潮间带至水下 30 m 处的沙质海底。

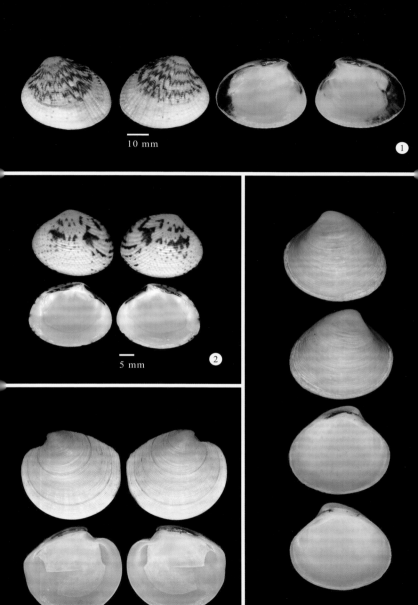

10 mm

5 mm

10 mm

10 mm

① **奋镜蛤** *Dosinia exasperata* (Philippi, 1847)

　　壳长约 34 mm；壳质较薄；壳顶较低，前倾，位于背部中央之前；壳表生长纹细密，在前、后部呈片状，并在楯面周缘翘起形成 1 列刺状突起；壳内外套窦较长，基部较宽，顶端略尖，指状。

　　分布于广东和海南；栖息于潮下带水深约 34 m 的海底。

② **缀锦蛤** *Tapes literatus* (Linnaeus, 1758)

　　壳长约 70 mm；贝壳两侧不等，壳顶近前方，后端斜；壳面黄褐色或黄白色，具栗色齿状花纹，多有变化；同心肋细密而底平；壳内白色或杏黄色；主齿 3 枚，中央齿具分叉。

　　分布于台湾、广东、广西和海南；栖息于潮间带下区至水深约 20 m 的粗砂质海底。

③ **钝缀锦蛤** *Tapes conspersus* (Gmelin, 1791)

　　贝壳呈四方形，壳长约 80 mm；小月面长矛形；壳面棕黄色，有放射状色带；同心肋明显，在壳后缘竖起呈低薄片状；壳内白色，中部略呈橘红色，外套窦深；左壳中央齿分叉。

　　分布于广东和海南；栖息于水深 20 m 以内的石砾质或泥沙质海底。

④ **菲律宾蛤仔** *Ruditapes philippinarum* (A. Adams & Reeve, 1850)

　　贝壳卵圆形，壳长约 38 mm；个体形态和壳面花纹变化较大；壳表放射肋细密，与同心纹相交呈布纹状；壳内灰白色，有的具橘色或紫色斑；外套窦深；铰合部具 3 枚主齿。

　　分布于我国沿海；栖息于潮间带至浅海泥沙、粗砂或小砾石质海底。

1 10 mm

2 10 mm

3 10 mm

4 10 mm

① **波纹巴非蛤** *Paphia undulata* (Born, 1778)

贝壳长卵圆形，壳长 45~70 mm；壳面黄褐色，密布深色的波纹，常被有 1 层光亮的壳皮，同心生长纹较细密，有斜行纹与之相交；壳内面略带紫色，外套窦短指状。

分布于浙江以南沿海；栖息于低潮线以下的浅海泥沙或砾石质海底。

② **锯齿巴非蛤** *Paphia gallus* (Gmelin, 1791)

壳长 32~53 mm；壳顶突出前倾，贝壳前端尖圆，小月面大，稍凹；壳面黄棕色，密布锯齿状细纹和断续的放射色带；同心生肋排列较整齐而紧细；壳内中部橘红色，周缘白色。

分布于浙江以南沿海；栖息于潮间带至浅水区的泥沙质海底。

③ **靓巴非蛤** *Paphia schnelliana* (Dunker, 1865)

贝壳长卵圆形，壳长约 73 mm；壳质较厚；小月面中部微隆起，楯面披针形；壳面红褐色或黄褐色，同心生长肋宽而平，排列较均匀，肋间沟较深。壳内白色，外套窦中等深度。

分布于浙江以南沿海；栖息于浅海百米以内的沙质海底。

④ **裂纹格特蛤** *Marcia hiantina* (Lamarck, 1818)

贝壳斜三角卵圆形，壳长约 49 mm；壳面黄褐色，常饰有深褐色放射带；同心肋粗而不规则，两肋出现合并和交叉的现象；壳内黄白色，3 枚主齿排列规则；外套窦宽，顶端圆，指向壳中部。

分布于台湾和福建以南沿海；栖息于潮间带中、低潮区至浅海沙或泥沙中。

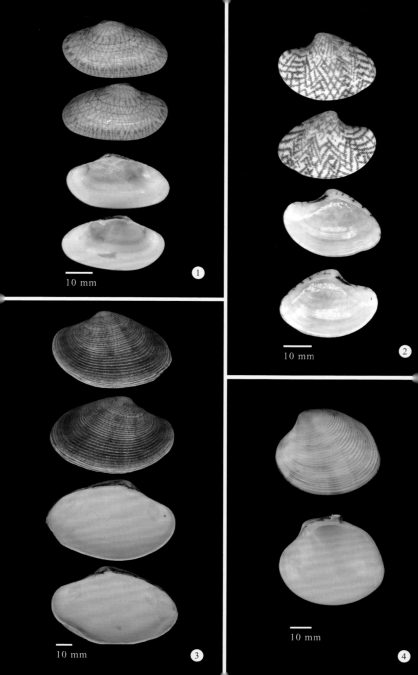

1

10 mm

2

10 mm

3

10 mm

4

10 mm

日本格特蛤 *Marcia japonica* (Gmelin, 1791)

贝壳三角卵圆形,壳长约 40 mm;后腹角略突出;壳面灰褐色,可见不规则的深色放射带;生长肋排列较整齐;壳内白色或稍带浅橘色,闭壳肌和外套痕明显;铰合部具 3 枚主齿,左壳中央齿和右壳后齿两分叉。

分布于台湾和福建厦门以南;栖息于浅海沙质海底。

 等边浅蛤 *Macridiscus aequilatera* (G. B. Sowerby I, 1825)

壳长约 38 mm;壳质较厚,贝壳近三角形,壳顶位于中央;壳色变化大,在浅色个体的表面常具深色的锯齿状花纹和放射色带,同心生长纹细;壳内白色具光泽。

分布于我国沿海;栖息于潮间带中、低潮区至浅海沙或泥沙质海底。

③ 中国仙女蛤 *Callista chinensis* (Holten, 1802)

贝壳椭圆形,壳长约 50 mm;壳面黄褐色,富有光泽,具宽窄不等的淡紫色环带和放射带;壳内白色,闭壳肌痕明显,外套窦宽大;铰合部较窄,具主齿 3 枚。

分布于台湾和浙江南麂岛以南海域;栖息于潮间带至浅水区沙质海底。

④ 棕带仙女蛤 *Callista erycina* (Linnaeus, 1758)

壳形与中国仙女蛤相近,壳长 50~80 mm;但本种相对较大,壳面放射色带棕色,粗状的生长肋宽平,肋间沟窄而深;壳内面后端淡紫色。

分布于广东、广西和海南;栖息于潮间带至潮下带浅水区的沙质海底。

① **紫石房蛤** *Saxidomus purpurata* (G. B. Sowerby II, 1852)

贝壳长卵圆形，壳长 85~100 mm；壳质重厚；壳面粗糙，黄褐色，同心肋常凸出壳面，排列紧密不甚规则；外韧带强大；壳内面通常黑紫色；肌痕和外套痕明显。

分布于山东半岛以北沿海；栖息于潮下带浅海泥沙或砂砾质海底。

② **巧环楔形蛤** *Cyclosunetta concinna* (Dunker, 1870)

贝壳近卵圆形，壳长约 16 mm；壳质薄而结实；壳面布有棕色波状花纹，生长线极细；小月面隆起，界限不清晰；楯面长而深凹；壳内面紫色，周缘白色，具细小的齿列。

分布于福建、广东和海南；栖息于潮间带至浅海沙质海底。

③ **文蛤** *Meretrix meretrix* (Linnaeus, 1758)

壳长可超过 120 mm；两壳相等，两侧不等；壳面光滑，多呈黄褐色，壳顶附近常具锯齿状花纹，同心生长纹细密，排列不整齐；外韧带短而凸；壳内白色，外套窦浅；右壳的前齿为双齿形。

分布于广东、广西和海南岛沿海；栖息于潮间带至浅海细沙质海底。

④ **丽文蛤** *Meretrix lusoria* (Röding, 1798)

贝壳近似于文蛤，壳长约 90 mm；但本种后部明显比前部长，后侧缘末端尖，楯面宽大，多呈蓝紫色；壳面光滑而膨胀，壳色和花纹变化大，壳顶附近常具花纹，或整个壳面布满褐色曲折花纹；壳内白色，后缘紫褐色。

分布于福建以南沿海；栖息于内湾低潮区及稍深的细沙质海底。

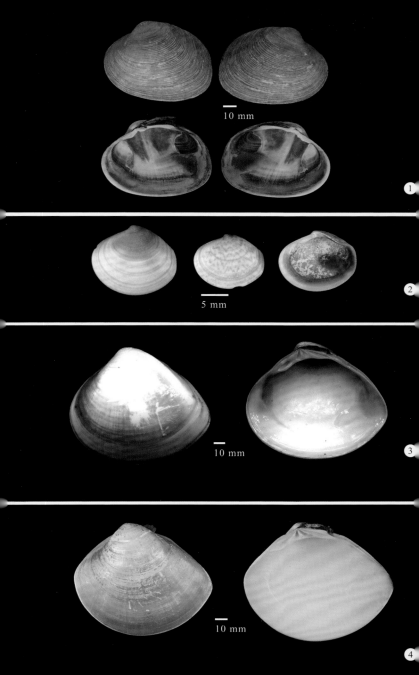

1 **斧文蛤** *Meretrix lamarckii* Deshayes, 1853

贝壳三角形，壳长 38~80 mm；壳长明显大于壳高，前部短，前缘圆，后部较长，后缘略尖；楯面宽大，颜色略深；壳色和花纹有变化，常具色深的放射纹或螺带，外被黄褐色壳皮；壳内白色，外套窦相对较深。

分布于台湾和浙江南部以南至海南；栖息于潮下带水深约 20 m 的沙质海底。

2 **短文蛤** *Meretrix petechialis* (Lamarck, 1818)

贝壳卵三角形，壳长约 40 mm；前背缘较直，后背缘稍凸；前端圆，后端略尖；壳色和花纹有变化，多呈黄褐色，常具不规则的折纹；壳内白色，闭壳肌痕明显，外套窦浅。

分布于辽宁至广西沿海；栖息于河口区的沙质海底。

3 **小文蛤** *Meretrix planisulcata* (G. B. Sowerby II, 1854)

壳长 8~17 mm；壳面白色，常具褐色放射色带；壳表宽平的同心肋均匀排列；壳内白色或紫色，具与壳面放射带对应的紫色放射带；外套窦浅；左壳后主齿长。

分布于广东；栖息于潮间带至浅海。

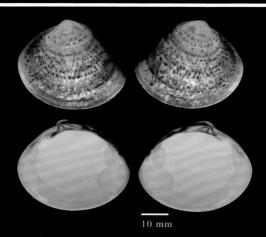

① **琴文蛤** *Meretrix lyrata* (G. B. Sowerby II, 1851)

贝壳卵圆三角形, 壳长约 40 mm; 壳质较厚; 前端圆, 后端略尖; 壳表刻有同心肋; 壳后背区深紫褐色; 壳内白色, 后背缘紫褐色; 外套窦很浅。

分布于台湾和南海; 栖息于浅水沙质区。

② **青蛤** *Cyclina sinensis* (Gmelin, 1791)

贝壳近圆形, 壳长约 60 mm; 壳质较厚且膨胀, 壳顶尖, 前倾, 位于背部中央; 生长线细密, 有纤细的放射纹与之相交; 壳色灰白或淡黄色; 壳内白色, 壳内缘多呈紫色, 具细齿状缺刻; 铰合部狭长, 具 3 枚主齿, 无侧齿。

分布于我国近海; 埋栖于潮间带泥沙质海底内生活。

绿螂科 Glauconomidae Gray, 1853

③ **绿螂** *Glauconome chinensis* Gray, 1828

贝壳长卵圆形, 壳长约 34 mm; 壳质薄, 前端圆, 后端瘦长; 壳面同心生长纹粗糙, 外被黄绿色壳皮; 壳内灰白色, 闭壳肌痕明显, 外套窦深, 顶端圆, 腹缘不与外套线愈合。

分布于浙江象山以南沿海; 栖息于潮间带和有淡水注入的河口区的沙泥中。

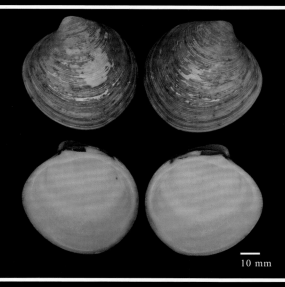

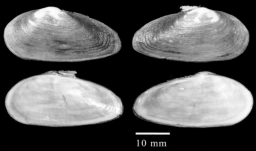

10 mm

10 mm

10 mm

篮蛤科 Corbulidae Lamarck, 1818

①　红齿硬篮蛤 *Corbula erythrodon* Lamarck, 1818

　　右壳长约 26 mm, 大于左壳; 壳质坚厚; 壳顶突出, 位于背部中央之前; 壳前端圆, 后部收缩, 末端尖; 壳表刻有粗细不均匀的同心肋, 壳边缘被灰色壳皮所覆盖; 壳内多呈红色, 闭壳肌痕深, 后肌痕位于一个高出壳内面的平台上。

　　分布于东海和南海; 栖息于水深 20 m 以内的浅海或河口附近的软泥质海底。

②　衣硬篮蛤 *Corbula tunicata* Reeve, 1843

　　壳形与红齿硬篮蛤相近, 右壳长约 24 mm; 但是本种左壳的同心肋只存在于壳顶附近, 其他壳面被有厚的深灰色壳皮; 铰合部白色。

　　分布于南海; 栖息于水深数十米的软泥质海底。

③　光滑河篮蛤 *Potamocorbula laevis* (Hinds, 1843)

　　贝壳长卵圆形, 右壳大于左壳, 右壳长约 12 mm; 壳质较薄; 壳顶近背部中央; 壳面生长纹细弱, 外被淡黄色壳皮; 壳内白色, 外套窦浅。

　　分布于我国沿海; 群栖于潮间带至浅海, 尤其有淡水注入的海区。

开腹蛤科 Gastrochaenidae Gray, 1840

④　楔形开腹蛤 *Gastrochaena cuneiformis* Spengler, 1783

　　贝壳长卵圆形, 壳长约 30 mm; 两壳在腹面开口较大; 壳顶低平; 前部短, 前端尖; 后部长, 后背缘弧形, 末端圆; 壳面白色, 同心细肋清晰; 铰合部无齿。

　　分布于台湾和海南; 栖息于潮间带至浅海, 营凿石穴居生活。

海笋科 Pholadidae Lamarck, 1809

❶ 东方海笋 *Pholas orientalis* Gmelin, 1791

贝壳细长，壳长约 112 mm；前、后端略尖；壳顶背面壳缘向外卷曲，具 1 个格子状隔板；壳面白色，前部具同心纹和放射肋相交形成的小结节，后部光滑仅具生长纹；原板前端尖，后端微分叉；后板狭长；壳内柱短，末端宽；外套窦深而圆。

分布于广东以南沿海；埋栖于浅海细泥质海底。

❷ 脆壳全海笋 *Barnea fragilis* (G. B. Sowerby II, 1849)

壳长约 53 mm；两壳抱和略呈柱状，前端尖，后端尖圆；腹缘开口较大，形成凹陷；壳面遍布生长纹，放射肋在前部较明显；原板长卵圆形；外套窦宽而深，后肌痕长。

分布于我国沿海；在低潮区风化的岩石中钻孔穴居。

❸ 铃海笋 *Jouannetia cumingii* (G. B. Sowerby II, 1849)

贝壳球形，壳长约 27 mm；两壳不等，左壳无水管板，右壳水管板突出，近三角形；壳表刻纹分 3 部分；壳内柱极短小。

分布于广东、广西和海南；凿孔穴居于珊瑚礁中。

鸭嘴蛤科 Laternulidae Hedley, 1918

❹ 截形鸭嘴蛤 *Laternula truncata* (Lamarck, 1818)

壳长 45~58 mm；壳顶近背部中央，壳前部圆，后背缘下陷，后端斜截形，微上翘；壳面灰白色，同心生长纹细密；两壳顶均具 1 条裂缝；自壳顶到前腹角之前的壳面布有小颗粒凸起；壳内银白色；韧带槽匙形；外套窦宽。

分布于福建、台湾、广东、广西和海南；栖息于潮间带泥沙质沉积环境中。

10 mm

10 mm

5 mm

10 mm

头足纲 Cephalopoda Cuvier, 1795

鹦鹉螺科 Nautilidae Blainville, 1825

❶ 鹦鹉螺 *Nautilus pompilius* Linnaeus, 1758

动物具石灰质外壳；壳长约 200 mm；外壳沿一个平面作背腹旋转，壳面光滑，黄白色，生长纹明显，从脐部向四周辐射出波状红褐色花纹；脐部封闭；壳口较大，内具珍珠光泽；壳口后侧壳面黑褐色；隔壁将壳内分为约 30 个壳室（气室）。动物具数十条腕。

分布于台湾和南海；可匍匐于海底或用腕部附着在岩石或珊瑚礁间生活；也可凭借气室悬浮于水层之中，垂直分布于几米至数百米水深。

船蛸科 Argonautidae Cantraine, 1841

❷ 船蛸 *Argonauta argo* Linnaeus, 1758

壳长 100~180 mm；雌性具石灰质外壳，壳质薄脆；两侧扁，左右对称；两侧壳面具曲折的放射肋，肋末端伸向螺旋周缘并形成小结节，两排结节相距较近；壳面黄白色，结节褐色，向壳口方向颜色逐渐消失。雄性不具外壳。

分布于东海和南海；雌性在大洋上层营浮游生活，雄性多营底栖生活。

❸ 锦葵船蛸 *Argonauta hians* Lightfoot, 1786

雌性外壳与船蛸近似，但本种外壳较小，壳长 53~80 mm；壳面灰褐色，两侧壳面放射肋粗而稀疏；放射肋末端结节较发达。

分布于东海和南海；雌、雄个体栖息于大洋的表层，夜游习性明显。

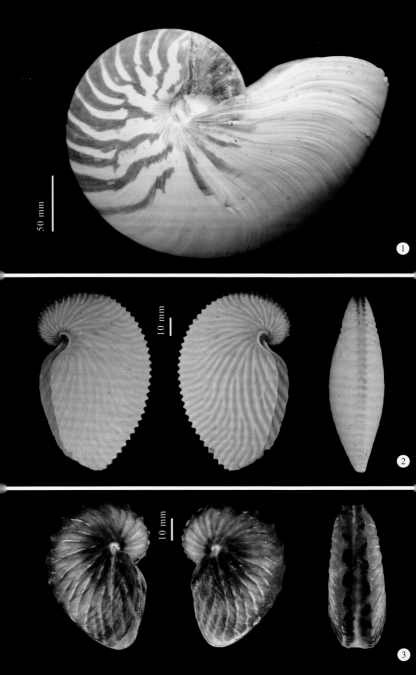

主要参考文献 References

[1] 蔡英亚，张英，魏若飞．贝类学概论 [M]．2 版．上海：上海科学技术出版社，1995.

[2] 董正之．中国动物志 软体动物门 头足纲 [M]．北京：科学出版社，1988.

[3] 冯士筰，李凤岐，李少菁．海洋科学导论 [M]．北京：高等教育出版社，1999.

[4] 李琪．中国近海软体动物图志 [M]．北京：科学出版社,2019.

[5] 刘凌云，郑光美．普通动物学 [M]．4 版．北京：高等教育出版社，2009.

[6] 刘瑞玉．中国海洋生物名录 [M]．北京：科学出版社，2008.

[7] 徐凤山，张素萍．中国海产双壳类图志 [M]．北京：科学出版社，2008.

[8] 张素萍．中国动物志 无脊椎动物 第五十六卷 软体动物门 腹足纲 凤螺总科 玉螺总科 [M]．北京：科学出版社，2022.

[9] 张素萍．中国动物志 无脊椎动物 第六十二卷 软体动物门 腹足纲 骨螺科 [M]．北京：科学出版社，2016.

[10] 张素萍，尉鹏．中国宝贝总科图鉴 [M]．北京：海洋出版社，2011.

[11] 张素萍．中国海洋贝类图鉴 [M]．北京：海洋出版社，2008.

[12] 张素萍，张均龙，陈志云，等．黄渤海软体动物图志 [M]．北京：科学出版社，2016.

[13] BOUCHET P ，ROCROI J P. Classification and Nomenclator of Gastropod Families [J]. Malacologia, 2005, 47 (1/2): 1–397.

[14] 奥谷喬司．日本近海産貝類図鑑 [M]．神奈川：東海大学出版部，2000.

[15] 奥谷喬司．日本近海産貝類図鑑 [M]．2 版．神奈川：東海大学出版部，2017.

[16] POPPE G T. Philippine Marine Mollusks[M].Hackenheim: ConchBooks, 2008—2010.

图片摄影 Photograph

入门知识：

陈志云 岩石潮间带、石滩潮间带、滩涂潮间带、红树林、海草床、塔结节滨螺和小结节滨螺、
玉螺、蟹守螺、拟蟹守螺、黑口滨螺、石蟥、石鳖、覆瓦小蛇螺、牡蛎、贻贝、青蛤、
钳蛤、不等蛤、斧蛤、石蛏、延管螺、光螺、小塔螺

邵志恒 珊瑚礁浅海、虎斑宝贝、阿文绶贝、梭螺、蓝斑背肛海兔、多彩海牛、叶海牛、海菊蛤、
珍珠贝、江珧、砗磲

尉　鹏 海蜗牛

于宗赫 马尾藻海藻床

种类识别：

潘昀浩 日本花棘石鳖、异毛肤石鳖、朝鲜鳞带石鳖、皱纹盘鲍、耳鲍、羊鲍、中华楯蝛、
嫁蝛、斗嫁蝛、史氏背尖贝、背小笠贝、北戴河小笠贝、鸟爪拟帽贝、马蹄螺、
大马蹄螺、单齿螺、黑凹螺、项链螺、托氏蜡螺、海豚螺、节蝾螺、紫底星螺、
朝鲜花冠小月螺、粒花冠小月螺、长刺螺、渔舟蜒螺、褶蜒螺、条蜒螺、锦蜒螺、
齿纹蜒螺、奥莱彩螺、多色彩螺、紫游螺、笠形环螺、短滨螺、黑口拟滨螺、
粗糙拟滨螺、波纹拟滨螺、中间拟滨螺、小结节滨螺、塔结节滨螺、笋锥螺、棒锥螺、
平轴螺、望远蟹守螺、沟纹笋光螺、纵带滩栖螺、疣滩栖螺、蟹守螺、中华锉棒螺、
圆锥马掌螺、鸟嘴尖帽螺、笠帆螺、太阳衣笠贝、沟纹笛螺、水晶凤螺、篱凤螺、
铁斑凤螺、强缘凤螺、驼背凤螺、带凤螺、黑口凤螺、水字螺、蜘蛛螺、蝎尾蜘蛛螺、
钻螺、玉螺、斑玉螺、蝶翅玉螺、线纹玉螺、微黄镰玉螺、扁玉螺、广大扁玉螺、
蛋白乳玉螺、乳玉螺、黑口乳玉螺、爪哇窦螺、眼球贝、黍斑眼球贝、
枣红眼球贝、蛇首货贝、货贝、环纹货贝、虎斑宝贝、图纹宝贝、阿文绶贝、
山猫眼宝贝、卵黄宝贝、肉色宝贝、秀丽枣形贝、拟枣贝、断带呆足贝、黄褐禄亚贝、
鼹宝贝、龟甲宝贝、蛇目宝贝、瓮螺、卵梭螺、钝梭螺、玫瑰骗梭螺、鬘螺、
带鬘螺、带鬘螺、沟纹鬘螺、双沟鬘螺、葫鹑螺、带鹑螺、沟鹑螺、中国鹑螺、斑鹑螺、

苹果琶螺、长琵琶螺、琵琶螺、杂色琵琶螺、粒蝌蚪螺、梨形嵌线螺、深缝嵌线螺、尾嵌线螺、圆肋嵌线螺、毛嵌线螺、中华嵌线螺、扭螺、网纹扭螺、粒蛙螺、黑口蛙螺、血斑蛙螺、习见赤蛙螺、棘赤蛙螺、土发螺、红口土发螺、中国土发螺、海蜗牛、梯螺、迷乱环肋螺、布目阿玛螺、红螺、梨红螺、骨螺、浅缝骨螺、泵骨螺、大棘螺、褐棘螺、内饰刍秣螺、褶链棘螺、翼螺、大犁芭蕉螺、多角荔枝螺、蟾始紫螺、刺荔枝螺、角瘤荔枝螺、爪哇荔枝螺、可变荔枝螺、红豆荔枝螺、鹪鸪蓝螺、镶珠结螺、白瘤结螺、棘优美结螺、核果螺、黄斑核果螺、球核螺、珠母小核果螺、爱尔螺、肩棘螺、宝塔肩棘螺、球形珊瑚螺、芜菁螺、犬齿螺、杂色牙螺、斑鸠牙螺、丽小笔螺、布尔小笔螺、方斑东风螺、亮螺、甲虫螺、烟甲虫螺、波纹甲虫螺、黑口甲虫螺、纵带唇齿螺、火红土产螺、皮氏蛾螺、香螺、角螺、方格织纹螺、橡子织纹螺、节织纹螺、橄榄织纹螺、西格织纹螺、红带织纹螺、纵肋织纹螺、红口榧螺、中国笔螺、圆点笔螺、金笔螺、环肋笔螺、朱红菖蒲螺、大竖琴螺、哈密电光螺、中华祯螺、三带缘螺、波纹塔螺、南方尼奥螺、白龙骨乐飞螺、细肋蕾螺、凯蕾螺、桶形芋螺、大尉芋螺、加勒底芋螺、希伯来芋螺、堂皇芋螺、信号芋螺、黑芋螺、线纹芋螺、罘纹笋螺、分层笋螺、方格笋螺、三列笋螺、锯齿笋螺、三肋愚螺、华贵红纹螺、泥螺、核冠耳螺、日本菊花螺、蛛形菊花螺、凸云母蛤、棕蚶、扭蚶、半扭蚶、古蚶、夹粗饰蚶、联珠蚶、毛蚶、泥蚶、粒帽蚶、隆起隔贻贝、凸壳肌蛤、光石蛏、短壳肠蛤、栉江珧、二色裂江珧、珠母贝、企鹅珍珠贝、鹌鹑珍珠贝、中国珍珠贝、钳蛤、豆荚钳蛤、方形钳蛤、长肋日月贝、华贵类栉孔扇贝、白条类栉孔扇贝、荣类栉孔扇贝、美丽环扇贝、褶纹肋扇贝、黄拟套扇贝、海湾扇贝、箱形扇贝、厚壳海菊蛤、堂皇海菊蛤、中华海菊蛤、简易襞蛤、中国不等蛤、海月、习见锉蛤、角耳雪锉蛤、覆瓦牡蛎、密鳞牡蛎、敦氏猿头蛤、叶片猿头蛤、斜纹心蛤、异纹心蛤、中华鸟蛤、多刺鸟蛤、镶边鸟蛤、滑肋糙鸟蛤、半心陷月鸟蛤、尖顶滑鸟蛤、加州扁鸟蛤、四角蛤蜊、西施舌、施氏獭蛤、紫藤斧蛤、衣角蛤、叶樱蛤、皱纹樱蛤、对生塑蛤、绿紫蛤、双线紫蛤、长紫蛤、狭仿缢蛏、大竹蛏、花刀蛏、萨氏仿贻贝、红树蚬、凹线仙女蚬、对角蛤、皱纹蛤、鳞杓拿蛤、美叶雪蛤、伊萨伯雪蛤、江户布目蛤、加夫蛤、歧脊加夫蛤、凸加夫蛤、颗粒加夫蛤、柱状卵蛤、日本镜蛤、缀锦蛤、钝缀锦蛤、波纹巴非蛤、锯齿巴非蛤、靓巴非蛤、日本格特蛤、等边浅蛤、棕带仙女蛤、紫石房蛤、丽文蛤、斧文蛤、短文蛤、小文蛤、琴文蛤、青蛤、中国绿螂、衣硬篮蛤、铃海笋、截形鸭嘴蛤、船蛸、锦葵船蛸

陈志云 日本花棘石鳖、红条毛肤石鳖、函馆锉石鳖、杂色鲍、羊鲍、星状帽贝、龟甲蝛、斗嫁蝛、鸟爪拟帽贝、大马蹄螺、单齿螺、银口凹螺、锈凹螺、粗糙真蹄螺、金口螺、蝾螺、肋蝾螺、瘤棘海豚螺、金口蝶螺、蝶螺、角蝶螺、矮狮蟹螺、圆蟹螺、黑线蟹螺、

波纹蜑螺、锦蜑螺、杂色蜑螺、齿纹蜑螺、齿舌拟蜑螺、黑口拟滨螺、粗糙拟滨螺、波纹拟滨螺、小结节滨螺、塔结节滨螺、刺壳螺、大管蛇螺、覆瓦小蛇螺、平轴螺、黑平轴螺、珠带拟蟹守螺、麦氏拟蟹守螺、纵带滩栖螺、棘刺蟹守螺、芝麻蟹守螺、特氏楯桑椹螺、双带楯桑椹螺、普通铗棒螺、粗纹铗棒螺、节铗棒螺、毛螺、笠帆螺、扁平管帽螺、光衣笠螺、斑凤螺、齿凤螺、强缘凤螺、水字螺、蜘蛛螺、斑玉螺、梨形乳玉螺、脐穴乳玉螺、葡萄贝、阿文绶贝、筒形拟枣贝、棕带焦掌贝、黄褐禄亚贝、蛇目宝贝、甲胄螺、笨甲胄螺、苹果螺、粒蝌蚪螺、红口拟线螺、圆肋嵌线螺、扭螺、网纹扭螺、血斑蛙螺、紫口蛙螺、土发螺、中国土发螺、迷乱环肋螺、脐孔宽带奋斗螺、大轮螺、夸氏轮螺、配景轮螺、滑车轮螺、杂色太阳螺、亚洲棘螺、褐棘螺、内饰刍秣螺、疣荔枝螺、蛎敌荔枝螺、爪哇荔枝螺、瘤荔枝螺、黄口荔枝螺、鸬鸪蓝螺、粒结螺、珠母小核果螺、环珠小核果螺、球形珊瑚螺、紫栖珊瑚螺、畸形珊瑚螺、唇珊瑚螺、延管螺、杂色牙螺、丽小笔螺、斑核螺、美丽唇齿螺、管角螺、厚角螺、秀丽织纹螺、爪哇织纹螺、疣织纹螺、粒织纹螺、胆形织纹螺、笔螺、收缩笔螺、环肋笔螺、粗糙菖蒲螺、小狐菖蒲螺、旋纹细肋螺、鸽螺、宝石银山鬘豆螺、细纹山鬘豆螺、笨重山鬘豆螺、瓜螺、金刚衲螺、美丽蕾螺、假奈拟塔螺、加勒底芋螺、地纹芋螺、马兰芋螺、橡实芋螺、信号芋螺、疣缟芋螺、乐谱芋螺、白地芋螺、斑疹芋螺、线纹芋螺、织锦芋螺、犊纹芋螺、高捻塔螺、胖小塔螺、沟小塔螺、猫耳螺、头巾猫耳螺、三肋愚螺、泥螺、中国耳螺、黑菊花螺、日本菊花螺、大缝角贝、半肋安塔角贝、变肋角贝、布氏蚶、舟蚶、偏胀蚶、棕蚶、青蚶、鳞片扭蚶、魁蚶、球蚶、衣蚶蜊、安汶圆扇蚶蜊、紫贻贝、厚壳贻贝、翡翠股贻贝、隔贻贝、条纹隔贻贝、金石蛏、锉石蛏、黑荞麦蛤、角偏顶蛤、带偏顶蛤、栉江珧、多棘裂江珧、紫裂江珧、马氏珠母贝、马氏珠母贝、企鹅珍珠贝、细肋钳蛤、豆荚钳蛤、白丁蛎、台湾日月贝、栉孔扇贝、虾夷盘扇贝、拟海菊足扇贝、难解不等蛤、习见铣蛤、脆壳雪铣蛤、覆瓦牡蛎、猫爪牡蛎、近江巨牡蛎、团聚牡蛎、棘刺牡蛎、长格厚大蛤、斑纹厚大蛤、粗衣蛤、亚洲鸟蛤、角糙鸟蛤、黄边糙鸟蛤、莓实脊鸟蛤、心鸟蛤、滑顶薄壳鸟蛤、碎蟟、大砗磲、鳞砗磲、中国蛤蜊、四角蛤蜊、平蛤蜊、弓獭蛤、环纹坚石蛤、朽叶蛤、紫藤斧蛤、楔形斧蛤、豆斧蛤、蜊樱蛤、肋纹环樱蛤、红明樱蛤、锉盾弧樱蛤、对生塑蛤、中国紫蛤、总角截蛏、长竹蛏、直线竹蛏、小刀蛏、长棱蛤、纹斑棱蛤、皱纹蛤、薪蛤、突畸心蛤、伊萨伯雪蛤、美女蛤、奋镜蛤、菲律宾蛤仔、裂纹格特蛤、等边浅蛤、中国仙女蛤、巧环楔形蛤、文蛤、小文蛤、琴文蛤、红齿硬蓝蛤、光滑河蓝蛤、楔形开腹蛤、东方海笋、脆壳全海笋、截形鸭嘴蛤、鹦鹉螺

王　洋　红翁戎螺、寺町翁戎螺、古氏滩栖螺、珍笛螺、宽凤螺、紫袖凤螺、桔红蜘蛛螺、唐冠螺、法螺、白法螺、金色嵌线螺、小白嵌线螺、金口嵌线螺、脉红螺、香螺、

　　彩饰粉螺、红侍女螺、四角细肋螺、旋纹细肋螺、塔形纺锤螺、方格桑椹螺、大桑椹螺、金刚衲螺、白带三角口螺、嵌条扇贝、同心蛤

孟　飞　鼠眼孔蜓、鸟爪拟帽贝、镶珠隐螺、崎岖枝螺、蛞螺、芝麻蟹守螺、拟太阳衣笠螺、中华衣笠螺、鳍螺、双节蝌蚪螺、细纹山猫豆螺、瓜螺、三肋愚螺、布纹蚶、青蚶、旗江珧、栉孔扇贝、舌骨牡蛎、无齿蛤、豆斧蛤、沟纹智兔蛤、亚光棱蛤、突畸心蛤、小文蛤

尉　鹏　长笛螺、双斑疹贝、绶贝、灯笼嵌线螺、黑口蛙螺、小犁芭蕉螺、武装荔枝螺、白斑紫螺、珠母小核果螺、西兰犬齿螺、扭蛇首螺、小狐菖蒲螺、笨重山鬣豆螺、脊牡蛎

史　令　口马丽口螺、平顶独齿螺、缝合海因螺、杰氏裁判螺、假主棒螺

刘文亮　绯拟沼螺、光滑狭口螺、中华拟蟹守螺、尖锥拟蟹守螺、半褶织纹螺

邵志恒　蝎尾蜘蛛螺、瓮螺、武装荔枝螺、锈笔螺

张跃环　长牡蛎、近江巨牡蛎、香港巨牡蛎、熊本牡蛎

刘勐伶　琵琶拟沼螺、中华拟蟹守螺

黄洪辉　中华楯蜒

焦海峰　单一口螺

李海涛　伶鼬榧螺

张莹斌　醒目云母蛤

张　帆　封面、封底、扉页、起始页插图